JN125847

新レベル表対応版

品質管理検定受験対策

QC検定2級
品質管理の手法
50ポイント

著 内田 治

日科技連

まえがき

　品質管理検定（QC 検定）は 1 級，2 級，3 級，4 級とあり，2005 年から実施されている．本書は 2 級を対象とした試験対策本である．

　試験の対象者，レベル，出題範囲については，別掲の表を参照していただきたいが，出題内容は「品質管理の実践」と「品質管理の手法」に分かれている．本書は「品質管理の手法」に絞って解説している．したがって，「品質管理の実践」の知識は別の書籍で勉強していただきたい．

　本書の特徴は，出題される内容に沿って構成されていること，簡潔にまとめていること，50 の項目に整理していることである．目安として，1 日に 1 項目を勉強できるように整理している．したがって，毎日 1 項目ずつ勉強すれば 50 日間で完了するように構成してある．本書を完了したならば過去問題による知識の確認と応用力の養成に 10 日間かけて取り組んでいただくことをお薦めする．したがって，本書と過去問題集を活用することで，ちょうど 2 カ月で受検準備は完了すると思われる．

　QC 検定 2 級の手法には主として以下の内容が出題される．

- データのまとめ方
- 母集団と標本
- サンプリング
- 確率分布
- 新 QC 七つ道具
- 検定と推定
- 相関分析
- 回帰分析
- 分散分析
- 管理図
- 信頼性手法

- 品質機能展開

　2級の試験範囲は上記の内容のほかに，3級と4級の試験範囲も含んでいるので，本書による学習を始める前に，3級と4級の学習を済ませていただきたい．本書が品質管理検定試験2級合格を目指す読者の一助となれば幸いである．

　最後に，本書の出版にあたり，㈱日科技連出版社の鈴木兄宏氏に，たいへんお世話になった．ここに記して感謝の意を表する次第である．

2014年9月

内　田　　　治

改訂にあたって

　QC検定のレベル表が2015年に改訂され，2級の出題範囲も若干ではあるが，追加変更になっている．

　本書は第2版として，この新たなレベル表に対応したものとしている．

2019年12月

内　田　　　治

品質管理検定(QC検定)2級の試験内容

（日本規格協会ホームページ"品質管理検定" https://www.jsa.or.jp/ から）

▶各級の対象者（人材像）◀

級	人　材　像
1級 ／準1級	• 部門横断の品質問題解決をリードできるスタッフ. • 品質問題解決の指導的立場の品質技術者.
2級	• 自部門の品質問題解決をリードできるスタッフ. • 品質にかかわる部署（品質管理，品質保証，研究・開発，生産，技術）の管理職・スタッフ.
3級	• 業種・業態にかかわらず自分たちの職場の問題解決を行う全社員（事務，営業，サービス，生産，技術を含むすべての方々）. • 品質管理を学ぶ大学生・高専生・高校生.
4級	• 初めて品質管理を学ぶ人. • 新入社員. • 社員外従業員. • 初めて品質管理を学ぶ大学生・高専生・高校生.

▶2級を認定する知識と能力レベル◀

　2級を目指す方々に求められる知識と能力は，一般的な職場で発生する品質に関係した問題の多くをQC七つ道具及び新QC七つ道具を含む統計的な手法も活用して，自らが中心となって解決や改善をしていくことができ，品質管理の実践についても，十分理解し，適切な活動ができるレベルです.

　基本的な管理・改善活動を自立的に実施できるレベルです.

▶2級の試験の実施概要◀

　QC七つ道具等を含む統計的な手法の活用や実践を自主的に実施するために必要とされる知識の理解度，及び確率分布，検定・推定，相関分析・回帰分析，実験計画法，抜取検査，信頼性工学，品質機能展開，統計的プロセス管理などの基本的な事項，並びに3級〜4級の試験範囲を含む理解度の確認.

　詳細は，後述の品質管理検定レベル表（Ver. 20150130.2）をご確認ください.

▶ 2級の合格基準 ◀

- 出題を手法分野・実践分野に分類し，各分野概ね 50% 以上．
- 総合得点概ね 70% 以上．

▶品質管理検定レベル表◀

◆受検されるみなさまへ─レベル表の見方について◆

- 各級の試験範囲は，各欄に示されている範囲だけではなく，その下に位置する級の範囲を含んでいます．例えば，2級の場合，2級に加えて3級と4級の範囲を含んだものが2級の試験範囲とお考えください．

- 4級は，Webで公開している "品質管理検定(QC検定)4級の手引き(Ver. 3.1)" の内容で，このレベル表に記載された試験範囲から出題されます．

- 準1級は，1級試験の一次試験合格者(知識レベルの合格者)に付与するものです．

※凡例 ─ 必要に応じて，次の記号で補足する内容・種類を区別します．

（　）：注釈や追記事項を記しています．

《　》：具体的な例を示しています．例としてこの限りではありません．

【　】：その項目の出題レベルの程度や範囲を記しています．

品質管理検定レベル表

（Ver. 20150130.2）
品質管理検定運営委員会

級	認定する知識と能力のレベル	対象となる人材像	試験範囲	
			品質管理の実践	品質管理の手法
1級・準1級	組織内で発生するさまざまな問題に対して，品質管理の側面からどのようにすれば解決や改善ができるかを把握しており，それらを自分で主導していくことが期待されるレベルです．また，自分自身で解決できないようなかなり専門的な問題については，少なくともどのような手法を使えばよいのかという解決に向けた筋道を立てることができる力を有しているようなレベルです．	・部門横断の品質問題解決をリードできるスタッフ ・品質問題解決の指導的立場の品質技術者	■品質の概念 ・社会的品質 ・顧客満足(CS)，顧客価値 ■品質保証：新製品開発 ・結果の保証とプロセスによる保証 ・保証と補償 ・品質保証体系図 ・品質機能展開 ・DRとトラブル予測，FMEA，FTA ・品質保証のプロセス，保証の網(QAネットワーク) ・製品ライフサイクル全体での品質保証 ・製品安全，環境配慮，製造物責任 ・初期流動管理 ・市場トラブル対応，苦情とその処理 ■品質保証：プロセス保証 ・作業標準書 ・プロセス(工程)の考え方 ・QC工程図，フローチャート ・工程異常の考え方とその発見・処置 ・工程能力調査，工程解析 ・変更管理，変化点管理	■データの取り方とまとめ方 ・有限母集団からのサンプリング《超幾何分布》 ■新QC七つ道具 ・アローダイアグラム法 ・PDPC法 ・マトリックス・データ解析法 ■統計的方法の基礎 ・一様分布(確率計算を含む) ・指数分布(確率計算を含む) ・二次元分布(確率計算を含む) ・共分散 ・大数の法則と中心極限定理 ■計量値データに基づく検定と推定 ・3つ以上の母分散に関する検定 ■計数値データに基づく検定と推定 ・適合度の検定 ■管理図 ・メディアン管理図

級			認定する知識と能力のレベル	対象となる人材像	試験範囲	
					品質管理の実践	品質管理の手法
1級・準1級			組織内で品質管理活動のリーダーとなる可能性のある人に最低限要求される知識を有し，その活用の仕方を理解しているレベルです．		・検査の目的・意義・考え方（適合，不適合） ・検査の種類と方法 ・計測の基本 ・計測の管理 ・測定誤差の評価 ・官能検査，感性品質 ■品質経営の要素：方針管理 ・方針の展開とすり合せ ・方針管理のしくみとその運用 ・方針の達成度評価と反省 ■品質経営の要素：機能別管理【定義と基本的な考え方】 ・マトリックス管理 ・クロスファンクショナルチーム（CFT） ・機能別委員会 ・機能別の責任と権限 ■品質経営の要素：日常管理 ・変化点とその管理 ■品質経営の要素：標準化 ・標準化の目的・意義・考え方 ・社内標準化とその進め方 ・産業標準化，国際標準化 ■品質経営の要素：人材育成 ・品質教育とその体系 ■品質経営の要素：診断・監査 ・品質監査 ・トップ診断 ■品質経営の要素：品質マネジメントシステム ・品質マネジメントの原則 ・ISO 9001 ・第三者認証制度【定義と基本的な考え方】 ・品質マネジメントシステムの運用 ■倫理・社会的責任【定義と基本的な考え方】 ・品質管理に携わる人の倫理 ・社会的責任 ■品質管理周辺の実践活動 ・マーケティング，顧客関係性管理 ・データマイニング・テキストマイニングなど【言葉として】	■工程能力指数 ・工程能力指数の区間推定 ■抜取検査 ・計数選別型抜取検査 ・調整型抜取検査 ■実験計画法 ・多元配置実験 ・乱塊法 ・分割法 ・枝分かれ実験 ・直交表実験《多水準法，擬水準法，分割法》 ・応答曲面法，直交多項式【定義と基本的な考え方】 ■ノンパラメトリック法【定義と基本的な考え方】 ■感性品質と官能評価手法【定義と基本的な考え方】 ■相関分析 ・母相関係数の検定と推定 ■単回帰分析 ・回帰母数に関する検定と推定 ・回帰診断 ・繰り返しのある場合の単回帰分析 ■重回帰分析 ・重回帰式の推定 ・分散分析 ・回帰母数に関する検定と推定 ・回帰診断 ・変数選択 ・さまざまな回帰式 ■多変量解析法 ・判別分析 ・主成分分析 ・クラスター分析【定義と基本的な考え方】 ・数量化理論【定義と基本的な考え方】 ■信頼性工学 ・耐久性，保全性，設計信頼性 ・信頼性データのまとめ方と解析 ■ロバストパラメータ設計 ・パラメータ設計の考え方 ・静特性のパラメータ設計 ・動特性のパラメータ設計

品質管理検定レベル表

級	認定する知識と能力のレベル	対象となる人材像	試験範囲	
			品質管理の実践	品質管理の手法
1級・準1級 / 2級	一般的な職場で発生する品質に関係した問題の多くをQC七つ道具及び新QC七つ道具を含む統計的な手法も活用して，自らが中心となって解決や改善をしていくことができ，品質管理の実践についても，十分理解し，適切な活動ができるレベルです． 基本的な管理・改善活動を自立的に実施できるレベルです．	・自部門の品質問題解決をリードできるスタッフ ・品質にかかわる部署の管理職・スタッフ《品質管理，品質保証，研究・開発，生産，技術》	■QC的ものの見方・考え方 ・応急対策，再発防止，未然防止，予測予防 ・見える化《管理のためのグラフや図解による可視化》，潜在トラブルの顕在化 ■品質の概念 ・品質の定義 ・要求品質と品質要素 ・ねらいの品質とできばえの品質 ・品質特性，代用特性 ・当たり前品質と魅力的品質 ・サービスの品質，仕事の品質 ・顧客満足(CS)，顧客価値【定義と基本的な考え方】 ■管理の方法 ・維持と管理 ・継続的改善 ・問題と課題 ・課題達成型QCストーリー ■品質保証：新製品開発【定義と基本的な考え方】 ・結果の保証とプロセスによる保証 ・保証と補償 ・品質保証体系図 ・品質機能展開 ・DRとトラブル予測，FMEA，FTA ・品質保証のプロセス，保証の網(QAネットワーク) ・製品ライフサイクル全体での品質保証 ・製品安全，環境配慮，製造物責任 ・初期流動管理 ・市場トラブル対応，苦情とその処理 ■品質保証：プロセス保証【定義と基本的な考え方】 ・作業標準書 ・プロセス(工程)の考え方 ・QC工程図，フローチャート ・工程異常の考え方とその発見・処置	■データの取り方とまとめ方 ・サンプリングの種類《2段，層別，集落，系統》と性質 ■新QC七つ道具 ・親和図法 ・連関図法 ・系統図法 ・マトリックス図法 ■統計的方法の基礎 ・正規分布(確率計算を含む) ・二項分布(確率計算を含む) ・ポアソン分布(確率計算を含む) ・統計量の分布(確率計算を含む) ・期待値と分散 ・大数の法則と中心極限定理【定義と基本的な考え方】 ■計量値データに基づく検定と推定 ・検定・推定とは ・1つの母分散に関する検定と推定 ・1つの母平均に関する検定と推定 ・2つの母分散の比に関する検定と推定 ・2つの母平均の差に関する検定と推定 ・データに対応がある場合の検定と推定 ■計数値データに基づく検定と推定 ・母不適合品率に関する検定と推定 ・2つの母不適合品率の違いに関する検定と推定 ・母不適合品数に関する検定と推定 ・2つの母不適合品数の違いに関する検定と推定

級			認定する知識と能力のレベル	対象となる人材像	試験範囲	
					品質管理の実践	品質管理の手法
1級・準1級	2級				・工程能力調査，工程解析 ・変更管理，変化点管理 ・検査の目的・意義・考え方（適合，不適合） ・検査の種類と方法 ・計測の基本 ・計測の管理 ・測定誤差の評価 ・官能検査，感性品質 ■品質経営の要素：方針管理 ・方針（目標と方策） ・方針の展開とすり合せ【定義と基本的な考え方】 ・方針管理のしくみとその運用【定義と基本的な考え方】 ・方針の達成度評価と反省【定義と基本的な考え方】 ■品質経営の要素：機能別管理【言葉として】 ・マトリックス管理 ・クロスファンクショナルチーム（CFT） ・機能別委員会 ・機能別の責任と権限 ■品質経営の要素：日常管理 ・業務分掌，責任と権限 ・管理項目（管理点と点検点），管理項目一覧表 ・異常とその処置 ・変化点とその管理【定義と基本的な考え方】 ■品質経営の要素：標準化【定義と基本的な考え方】 ・標準化の目的・意義・考え方 ・社内標準化とその進め方 ・産業標準化，国際標準化 ■品質経営の要素：小集団活動 ・小集団改善活動（QCサークル活動など）とその進め方 ■品質経営の要素：人材育成【定義と基本的な考え方】 ・品質教育とその体系 ■品質経営の要素：診断・監査【定義と基本的な考え方】 ・品質監査 ・トップ診断	・分割表による検定 ■管理図 ・$\bar{X}-s$ 管理図 ・X 管理図 ・p 管理図，np 管理図 ・u 管理図，c 管理図 ■抜取検査 ・抜取検査の考え方 ・計数規準型抜取検査 ・計量規準型抜取検査 ■実験計画法 ・実験計画法の考え方 ・一元配置実験 ・二元配置実験 ■相関分析 ・系列相関《大波の相関，小波の相関》 ■単回帰分析 ・単回帰式の推定 ・分散分析 ・回帰診断《残差の検討》【定義と基本的な考え方】 ■信頼性工学 ・品質保証の観点からの再発防止，未然防止 ・耐久性，保全性，設計信頼性【定義と基本的な考え方】 ・信頼性モデル《直列系，並列系，冗長系，バスタブ曲線》 ・信頼性データのまとめ方と解析【定義と基本的な考え方】

級			認定する知識と能力のレベル	対象となる人材像	試験範囲	
					品質管理の実践	品質管理の手法
					■品質経営の要素：品質マネジメントシステム【定義と基本的な考え方】 ・品質マネジメントの原則 ・ISO 9001 ・第三者認証制度【言葉として】 ・品質マネジメントシステムの運用【言葉として】 ■倫理・社会的責任【言葉として】 ・品質管理に携わる人の倫理 ・社会的責任 ■品質管理周辺の実践活動【言葉として】 ・顧客価値創造技術(商品企画七つ道具を含む) ・IE，VE ・設備管理，資材管理，生産における物流・量管理	
1級・準1級	2級	3級	QC 七つ道具については，作り方・使い方をほぼ理解しており，改善の進め方の支援・指導を受ければ，職場において発生する問題を QC 的問題解決法により，解決していくことができ，品質管理の実践についても，知識としては理解しているレベルです． 基本的な管理・改善活動を必要に応じて支援を受けながら実施できるレベルです．	・業種・業態にかかわらず自分たちの職場の問題解決を行う全社員《事務，営業，サービス，生産，技術を含むすべて》 ・品質管理を学ぶ大学生・高専生・高校生	■ QC 的ものの見方・考え方 ・マーケットイン，プロダクトアウト，顧客の特定，Win-Win ・品質優先，品質第一 ・後工程はお客様 ・プロセス重視(品質は工程で作るの広義の意味) ・特性と要因，因果関係 ・応急対策，再発防止，未然防止，予測予防【定義と基本的な考え方】 ・源流管理 ・目的志向 ・QCD+PSME ・重点指向《選択，集中，局部最適》 ・事実に基づく活動，三現主義 ・見える化《管理のためのグラフや図解による可視化》，潜在トラブルの顕在化【定義と基本的な考え方】 ・ばらつきに注目する考え方 ・全部門，全員参加 ・人間性尊重，従業員満足(ES)	■データの取り方・まとめ方 ・データの種類 ・データの変換 ・母集団とサンプル ・サンプリングと誤差 ・基本統計量とグラフ ■ QC 七つ道具 ・パレート図 ・特性要因図 ・チェックシート ・ヒストグラム ・散布図 ・グラフ(管理図別項目として記載) ・層別 ■新 QC 七つ道具【定義と基本的な考え方】 ・親和図法 ・連関図法 ・系統図法 ・マトリックス図法 ・アローダイアグラム法 ・PDPC 法 ・マトリックス・データ解析法

級			認定する知識と能力のレベル	対象となる人材像	試験範囲	
					品質管理の実践	品質管理の手法
1級・準1級	2級	3級			■品質の概念【定義と基本的な考え方】 ・品質の定義 ・要求品質と品質要素 ・ねらいの品質とできばえの品質 ・品質特性，代用特性 ・当たり前品質と魅力的品質 ・サービスの品質，仕事の品質 ・社会的品質【定義と基本的な考え方】 ・顧客満足(CS)，顧客価値【言葉として】 ■管理の方法 ・維持と管理【定義と基本的な考え方】 ・PDCA，SDCA，PDCAS ・継続的改善【定義と基本的な考え方】 ・問題と課題【定義と基本的な考え方】 ・問題解決型 QC ストーリー ・課題達成型 QC ストーリー【定義と基本的な考え方】 ■品質保証：新製品開発【定義と基本的な考え方】 ・結果の保証とプロセスによる保証 ・保証と補償【言葉として】 ・品質保証体系図【言葉として】 ・品質機能展開【言葉として】 ・DR とトラブル予測，FMEA，FTA【言葉として】 ・品質保証のプロセス，保証の網(QA ネットワーク)【言葉として】 ・製品ライフサイクル全体での品質保証【言葉として】 ・製品安全，環境配慮，製造物責任【言葉として】 ・市場トラブル対応，苦情とその処理 ■品質保証：プロセス保証【定義と基本的な考え方】 ・作業標準書 ・プロセス(工程)の考え方	■統計的方法の基礎【定義と基本的な考え方】 ・正規分布(確率計算を含む) ・二項分布(確率計算を含む) ■管理図 ・管理図の考え方，使い方 ・$\bar{X}-R$ 管理図 ・p 管理図, np 管理図【定義と基本的な考え方】 ■工程能力指数 ・工程能力指数の計算と評価方法 ■相関分析 ・相関係数

級	認定する知識と能力のレベル	対象となる人材像	試験範囲	
			品質管理の実践	品質管理の手法
			・QC 工程図，フローチャート【言葉として】 ・工程異常の考え方とその発見・処置【言葉として】 ・工程能力調査，工程解析【言葉として】 ・検査の目的・意義・考え方(適合，不適合) ・検査の種類と方法 ・計測の基本【言葉として】 ・計測の管理【言葉として】 ・測定誤差の評価【言葉として】 ・官能検査，感性品質【言葉として】 ■品質経営の要素:方針管理【定義と基本的な考え方】 ・方針(目標と方策) ・方針の展開とすり合せ【言葉として】 ・方針管理のしくみとその運用【言葉として】 ・方針の達成度評価と反省【言葉として】 ■品質経営の要素:日常管理【定義と基本的な考え方】 ・業務分掌，責任と権限 ・管理項目(管理点と点検点)，管理項目一覧表 ・異常とその処置 ・変化点とその管理【言葉として】 ■品質経営の要素：標準化【言葉として】 ・標準化の目的・意義・考え方 ・社内標準化とその進め方 ・産業標準化，国際標準化 ■品質経営の要素：小集団活動【定義と基本的な考え方】 ・小集団改善活動(QC サークル活動など)とその進め方 ■品質経営の要素:人材育成【言葉として】 ・品質教育とその体系 ■品質経営の要素：品質マネジメントシステム【言葉として】 ・品質マネジメントの原則	

級				認定する知識と能力のレベル	対象となる人材像	試験範囲		
						品質管理の実践	品質管理の手法	
						・ISO9001		
1級・準1級	2級	3級	4級	組織で仕事をするにあたって，品質管理の基本を含めて企業活動の基本常識を理解しており，企業等で行われている改善活動も言葉としては理解できるレベルです． 社会人として最低限知っておいてほしい仕事の進め方や品質管理に関する用語の知識は有しているというレベルです．	・初めて品質管理を学ぶ人 ・新入社員 ・社員外従業員 ・初めて品質管理を学ぶ大学生・高専生・高校生	品質管理の実践 ■品質管理 ・品質とその重要性 ・品質優先の考え方（マーケットイン，プロダクトアウト） ・品質管理とは ・お客様満足とねらいの品質 ・問題と課題 ・苦情，クレーム ■管理 ・管理活動（維持と改善） ・仕事の進め方 ・PDCA，SDCA ・管理項目 ■改善 ・改善（継続的改善） ・QCストーリー（問題解決型QCストーリー） ・3ム（ムダ，ムリ，ムラ） ・小集団改善活動とは(QCサークルを含む) ・重点指向とは ■工程（プロセス） ・前工程と後工程 ・工程の5M ・異常とは（異常原因，偶然原因） ■検査 ・検査とは（計測との違い） ・適合（品）	品質管理の手法 ■事実に基づく判断 ・データの基礎（母集団，サンプリング，サンプルを含む） ・ロット ・データの種類（計量値，計数値） ・データのとり方，まとめ方 ・平均とばらつきの概念 ・平均と範囲 ■データの活用と見方 ・QC七つ道具（種類，名称，使用の目的，活用のポイント） ・異常値 ・ブレーンストーミング	企業活動の基本 ・製品とサービス ・職場における総合的な品質（QCD＋PSME） ・報告・連絡・相談（ほうれんそう） ・5W1H ・三現主義 ・5ゲン主義 ・企業生活のマナー ・5S ・安全衛生（ヒヤリハット，KY活動，ハインリッヒの法則） ・規則と標準（就業規則を含む）

品質管理検定レベル表

（Ver. 20150130.2）
品質管理検定運営委員会

級				認定する知識と能力のレベル	対象となる人材像	試験範囲		
						品質管理の実践	品質管理の手法	企業活動の基本
1級・準1級	2級	3級	4級			・不適合（品）（不良，不具合を含む） ・ロットの合格，不合格 ・検査の種類 ■標準・標準化 ・標準化とは ・業務に関する標準、品物に関する標準（規格） ・色々な標準《国際，国家》		

出典） https://webdesk.jsa.or.jp/pdf/qc/md_4604.pdf

品質管理検定受験対策

【新レベル表対応版】
QC検定2級
品質管理の手法
50ポイント

目次

第 1 章

データのとり方・まとめ方

母集団とサンプル

■ 母集団

　母集団とは，研究や調査の対象となっている集団のことで，対策を適用する集団という言い方もできる．母集団は製品の集まりを表す場合と，個々の測定値の集まりを表す場合がある．

　母集団に属する要素(製品，人，測定値)の数が明確であるとき，その集団を有限母集団という．一方，大量にあるとしか言いようのないときや，今後も製品をつくり続けるため，最終的な要素の数を明確にできないようなとき，この集団を無限母集団という．

　品質管理活動においては，母集団から抜き取られたデータを対象に解析を行い，その結果を母集団全体に反映させるという手順で，改善活動を進めていくことになる．

■ サンプル(標本・試料)

　母集団から抜き取られた要素の集まりをサンプルという．サンプルは標本あるいは試料とも呼ばれる．

　品質管理活動では，サンプルに対してデータを収集して解析を進め，その結果を利用して，母集団に対して対策を実施することになる．母集団の要素をすべて調べる方法を全数調査といい，一部のサンプルだけを調べる方法を標本調査という．品質を検査する活動では，製造した製品をすべて検査する方法を全数検査，一部の製品だけを検査する方法を抜取検査と呼んでいる．

■ サンプリング

　母集団からサンプルを抜き取る行為をサンプリングという．サンプルにもとづいて母集団の様子を知り，対策の方法を考えるのであるから，サンプリングによって選ばれたサンプルは，母集団を代表している必要がある．

■ 母集団とサンプルの関係

母集団とサンプルの一般的な関係を図で示すと次のようになる.

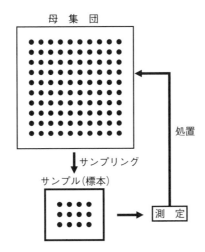

サンプリングの概念

この概念を品質管理における母集団とサンプルの関係に当てはめると,
次のような図で表現することができる.

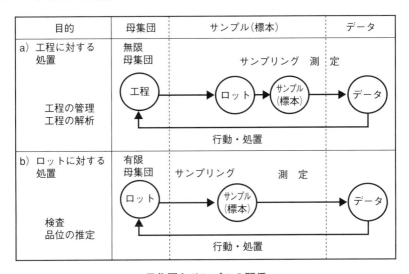

母集団とサンプルの関係

サンプリングの方法

■ 無作為に抽出

　サンプリングによって選ばれたサンプルは，母集団を代表している必要がある．このためには，母集団からサンプルを無作為に取り出さなければならない．このような方法を無作為サンプリング，あるいはランダムサンプリングと呼んでいる．

　無作為に取り出すというのは，等確率で取り出すということを意味している．例えば，10個の製品から1個の製品を取り出すときに，この10個の製品が取り出される確率はすべて等しく10分の1の確率であるということが保証されている必要がある．

■ サンプリングの種類

　無作為サンプリングの方法としては，次のような方法がよく使われている．

① **単純無作為サンプリング**

　　母集団全体から無作為にサンプルを選ぶ方法．

② **系統サンプリング**

　　サンプリングの開始時点(あるいは開始位置)を無作為に決めて，その後は，等間隔で選ぶ方法．

③ **層化サンプリング**

　　母集団を何らかの基準で層に分けておいて，各層から無作為に選ぶ方法．

④ **集落サンプリング**

　　母集団を何らかの基準で層に分けておいて，ある層を無作為に選び，選ばれた層はすべて調べる方法．

⑤ **多段サンプリング**

　　母集団を何らかの基準で階層的に分けておいて，最初にある層を無作為に選び，次に選ばれた層から，無作為に選ぶという何段階か

に分けて行う方法.

①から⑤を図で示すと次のようになる.

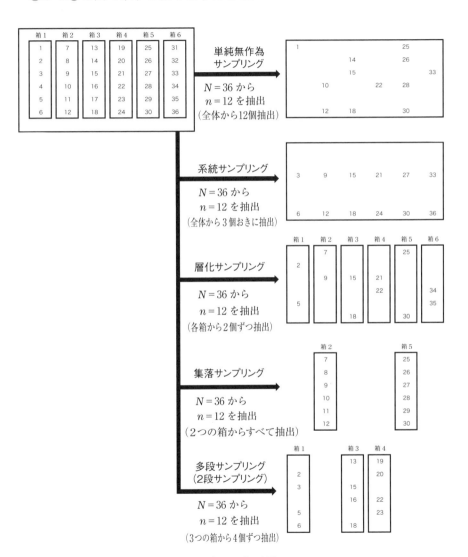

サンプリングの種類

データのまとめ方

■ データの要約

　データの集まりは，それらの「中心」と「ばらつき」を把握できるように，要約することができる．中心を示す数値としては，平均値と中央値がある．また，ばらつきを示す数値としては，範囲，偏差平方和，分散，標準偏差がある．これらの数値はデータにもとづいて計算される．

■ 平均値

　n 個のデータ x_1, x_2, $\cdots$, x_n があるときに，これらのデータの平均値は次のように計算される．

$$\overline{x} = \frac{1}{n}(x_1 + x_2 + \cdots + x_n)$$

平均値は $\overline{x}$ という記号を使うのが一般的である．

【平均値の計算例】

　次のように5個のデータが得られている．この平均値を求める．

8　　6　　9　　6　　7

↓

$$\overline{x} = \frac{1}{5}(8 + 6 + 9 + 6 + 7)$$

$$= \frac{1}{5} \times 36$$

$$= 7.2$$

平均値は原データの桁よりも1桁ないし2桁多く求めるとよい．

■ メディアン

　n 個のデータ x_1, x_2, $\cdots$, x_n があるときに，これらのデータを小さい順に並び替えたときに真ん中に位置する値をメディアン(中央値)という．

メディアンは Me という記号を使うのが一般的である.

【メディアンの計算例】

次のように5個のデータが得られている. このメディアンを求める.

8　6　9　6　7

↓　並べ替え

6　6　7　8　9

↓

$Me = 7$

データが次のように6個得られているときには, 真ん中に位置するデータが2個存在することになる. このときには, その2個の平均値をメディアンとする.

8　5　9　6　7　5

↓　並べ替え

5　5　6　7　8　9

↓

$$Me = \frac{1}{2} \times (6 + 7)$$
$$= 6.5$$

■ 外れ値の影響

次のようにデータのなかに外れ値(飛び離れた値)があるとき, 平均値はその影響を受けやすく, 中央値は影響を受けにくいという性質がある.

■ 範囲

データのなかの最大値と最小値の差を範囲という. 範囲は通常 R という記号で表される.

範囲 R = 最大値 − 最小値

【範囲の計算例】

次のように5個のデータが得られている．この範囲を求める．

8　　6　　9　　6　　7

↓

最大値 = 9

最小値 = 6

範囲 $R = 9 - 6 = 3$

範囲はデータの数が10個のときにも，100個のときにも，利用するデータは最大値と最小値の2つだけなので，データの数が多いときには情報の損失が多くなってしまう．したがって，データの数が少ない(10 ～ 20個以下)ときに利用するほうがよい．

■ 偏差平方和

データのばらつき程度を数値的にまとめるには，最初に，個々のデータが中心(平均値)から，どれだけ離れているかを考える．

そこで，いま，n個のデータ $x_1,\ x_2,\ \cdots,\ x_n$ があるときに，まず，これらのデータの平均値 $\bar{x}$ を求める．

次に，各データと平均値との差を求める．

$$x_1 - \bar{x},\ x_2 - \bar{x},\ \cdots,\ x_n - \bar{x}$$

これら各データと平均値との差を偏差と呼んでいる．データが n 個あれば，偏差も n 個求められる．

n 個の偏差の値は一つひとつ違っていて，同じ値にはならないので，偏差全体の大きさを考えることにする．このためには，偏差の合計値を求めればよさそうだが，偏差は平均値との差であるから，平均値よりも大きなデータのときには正(＋)，小さなデータのときには負(－)の値となり，合計すると＋－で相殺されて，常に0になってしまう．

$$(x_1 - \bar{x}) + (x_2 - \bar{x}) + \cdots + (x_n - \bar{x}) = 0$$

どのようなデータに対しても，偏差は合計すると0になるので，偏差の合計値は，ばらつきの尺度として使えない．そこで，各偏差を2乗してから合計することを考える．

8

$$(x_1 - \overline{x})^2 + (x_2 - \overline{x})^2 + \cdots + (x_n - \overline{x})^2$$

このようにして得られた値のことを偏差平方和という．偏差平方和は S という記号で表す．ばらつきが大きくなると，偏差平方和の値も大きくなる．ばらつきがまったくないとき，すなわち，すべてのデータが同じ値のときには，偏差平方和は 0 となる．

【偏差平方和の計算例】

次のように5個のデータが得られている．この偏差平方和を求める．

$$2 \quad 3 \quad 8 \quad 8 \quad 9$$
$$\downarrow$$

$$\overline{x} = \frac{1}{5}(2 + 3 + 8 + 8 + 9) = 6$$

$$\begin{aligned}
S &= (2 - 6)^2 + (3 - 6)^2 + (8 - 6)^2 + (8 - 6)^2 + (9 - 6)^2 \\
&= (-4)^2 + (-3)^2 + 2^2 + 2^2 + 3^2 \\
&= 16 + 9 + 4 + 4 + 9 \\
&= 42
\end{aligned}$$

なお，偏差平方和を筆算で求めるときには，データの数が多くなると，個々の偏差を2乗して合計するという方法よりも，次のような計算式を用いるほうが便利である．

$$S = x_1{}^2 + x_2{}^2 + \cdots + x_n{}^2 - \frac{(x_1 + x_2 + \cdots + x_n)^2}{n}$$

$$= (個々のデータ)^2 の合計 - (データの合計)^2 \div (データ数)$$

この計算式を使うと，先の例題は次のように求められる．

$$S = 2^2 + 3^2 + 8^2 + 8^2 + 9^2 - \frac{(2 + 3 + 8 + 8 + 9)^2}{5}$$

$$= 4 + 9 + 64 + 64 + 81 - \frac{30^2}{5}$$

$$= 222 - 180$$

$$= 42$$

■ 分散

　偏差平方和は偏差の2乗の合計値であるから，データの数が多くなると，ばらつきの大きさに関係なく大きくなっていくことになる．この性質はデータの数が違うグループのばらつきを比較するのに不都合である．

　そこで，偏差平方和 S をデータの数で調整することを考える．具体的には偏差平方和を（データ数 -1）で割ることで調整する．このようにして計算した結果として得られる数値を分散と呼んでいる．分散は記号は V あるいは s^2 を用いる．n をデータ数とすると，次のように計算される．

$$V = \frac{S}{n-1}$$

この分散は不偏分散とも呼ばれている．

【分散の計算例】

　次のように5個のデータが得られている．この分散を求める．

$$2 \quad 3 \quad 8 \quad 8 \quad 9$$
$$\downarrow$$

$$\overline{x} = \frac{1}{5}(2 + 3 + 8 + 8 + 9) = 6$$

$$S = (2 - 6)^2 + (3 - 6)^2 + (8 - 6)^2 + (8 - 6)^2 + (9 - 6)^2$$
$$= (-4)^2 + (-3)^2 + 2^2 + 2^2 + 3^2$$
$$= 16 + 9 + 4 + 4 + 9$$
$$= 42$$

$$V = \frac{42}{5-1}$$
$$= 10.5$$

■ 標準偏差

　平均値の単位は，もとのデータの単位と同じである．例えば，重量が $10(\mathrm{g})$ と $20(\mathrm{g})$ の製品の平均値は $15(\mathrm{g})$ となる．しかし，偏差平方和の単位は，計算の過程でデータを2乗しているため，もとのデータの単位を2

乗したものになっている．分散の単位も，偏差平方和を(データ数 − 1)で割ったものなので，やはり偏差平方和の単位と同じく，もとのデータの単位を2乗したものになる．重量でいえば，g^2という単位になっていることになる．もとのデータや平均値と単位が異なるのは，実用上不便なので，単位をもとのデータの単位に揃えることを考える．すなわち，g^2をgに戻すことを考えるのである．このためには，分散の平方根をとればよい．この数値を標準偏差という．標準偏差はsという記号を用いて，次のように計算される．

$$s = \sqrt{V} = \sqrt{\frac{S}{n-1}}$$

【標準偏差の計算例】

次のように5個のデータが得られている．この標準偏差を求める．

2　　3　　8　　8　　9

↓

$$\overline{x} = \frac{1}{5}(2 + 3 + 8 + 8 + 9) = 6$$

$$S = (2 - 6)^2 + (3 - 6)^2 + (8 - 6)^2 + (8 - 6)^2 + (9 - 6)^2$$
$$= (-4)^2 + (-3)^2 + 2^2 + 2^2 + 3^2$$
$$= 16 + 9 + 4 + 4 + 9$$
$$= 42$$

$$V = \frac{42}{5-1}$$
$$= 10.5$$

$$s = \sqrt{V} = \sqrt{10.5} = 3.24$$

■ 変動係数

標準偏差の単位は，もとのデータの単位と同じになる．したがって，例えば，人の体重のばらつきと，身長のばらつきを比べて，どちらのばらつきが大きいかを議論するのに，標準偏差を使うことはできない．また，単

位が同じであっても，5g の製品重量を測定するときのばらつきと，50kg の製品重量を測定するときのばらつきを標準偏差で比較することには意味がなくなる．このように，単位が異なるもの同士，平均値が大きく異なるもの同士のばらつきの比較には変動係数を使うとよい．変動係数は C.V. という記号で示され，標準偏差を平均値で割ることで求められる．変動係数は，100 倍して，パーセント（%）表示することが多い．

【参考】

偏差平方和の計算式として，次の方法を紹介した．

$$S = x_1^2 + x_2^2 + \cdots + x_n^2 - \frac{(x_1 + x_2 + \cdots + x_n)^2}{n}$$

この 2 番目の項である $\dfrac{(x_1 + x_2 + \cdots + x_n)^2}{n}$ を修正項と呼び，CT という記号で表す．

第2章

確率分布

確率分布の種類

■ 確率密度関数

　測定しないと値が決まらない性質をもつ数量を確率変数という．確率変数には，測定値が計数値となるような離散型確率変数と，計量値となるような連続型確率変数がある．いま，サンプルを無作為に抽出して測定値 x を得たとすると，x を確率変数 X の実現値と考えることができる．そして，下記の性質を有する関数 $f(x)$ を確率変数 X に対する確率密度関数という．

① $f(x) \geqq 0$ 　② $\displaystyle\int_{-\infty}^{\infty} f(x)\,dx = 1$

③ $\displaystyle\Pr(a < x \leqq b) = \int_a^b f(x)\,dx$ 　※$f(x)$ を積分すると確率が得られる．

■ 確率分布の平均と分散

　確率変数 X の平均を $E(X)$ と表すことにする．$E(X)$ は次式で計算される．

離散型確率変数のとき　$E(X) = \sum x_i \Pr(X = x_i)$

連続型確率変数のとき　$E(X) = \int x f(x)\,dx$

　確率変数の平均を期待値と呼んでいる．$E(X)$ はしばしば μ と表され，確率変数 X は μ を中心にばらついていることになる．このばらつきの大きさを示す量が分散 $V(X)$ である．$V(X)$ は次式で計算される．

離散型確率変数のとき　$V(X) = \sum (x_i - \mu)^2 \Pr(X = x_i)$

連続型確率変数のとき　$V(X) = \int (x - \mu)^2 f(x)\,dx$

分散 $V(X)$ の平方根は標準偏差と呼ばれ，$D(X)$ あるいは σ と表される．

■ 計量値の分布

確率密度関数 $f(x)$ が次式で表される分布を正規分布という．

$$f(x) = \frac{1}{\sqrt{2\pi}\,\sigma}\, e^{-\frac{(x-\mu)^2}{2\sigma^2}}$$

e は自然対数（ln）で 2.71828…

正規分布の平均と標準偏差は次のようになる．

$$E(X) = \mu$$
$$D(X) = \sigma \quad (V(X) = \sigma^2)$$

平均が μ，分散が σ^2 となる正規分布を $\mathrm{N}(\mu, \sigma^2)$ と書くことがある．正規分布する母集団を正規母集団という．計量値は多くの場合に正規分布に従うと仮定される．

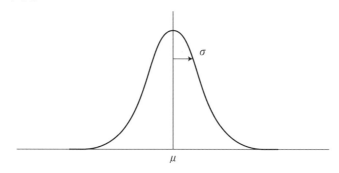

$\mathrm{N}(\mu, \sigma^2)$ の正規分布

■ 計数値の分布

品質管理では，不適合品数や不適合品率は二項分布，不適合数はポアソン分布に従うとしてデータの解析が行われる．

① 二項分布

不適合品率 P の母集団から大きさ n のサンプルを抜き取ったときに，その中に不適合品が x 個入っている確率 $\Pr(X=x)$ が次式で表されるとき，

この分布を二項分布という.

$$\Pr(X=x) = {}_nC_x P^x (1-P)^{n-x} = \frac{n!}{x!\,(n-x)!}\,P^x (1-P)^{n-x}$$

二項分布の平均と標準偏差は次のようになる.

$$E(X) = nP$$
$$D(X) = \sqrt{nP(1-P)}$$

不適合品率 $p = X/n$ も二項分布に従い,平均と標準偏差は次のようになる.

$$E(p) = P$$
$$D(p) = \sqrt{\frac{P(1-P)}{n}}$$

$nP \geq 5,\ n(1-P) \geq 5$ のとき,二項分布は正規分布に近似できる.

② ポアソン分布

ポアソン分布は不適合品数 X の分布として使われ,次の式で表される.

$$\Pr(X=x) = e^{-m}\frac{m^x}{x!}$$

ポアソン分布の平均と標準偏差は次のようになる.

$$E(X) = m$$
$$D(X) = \sqrt{m}$$

$m \geq 5$ のとき,ポアソン分布は正規分布に近似できる.

■ 統計量の分布

ここでは平均値 $\overline{X}$ の分布を考える.

平均が μ,分散が σ^2 となる正規分布をする母集団 $N(\mu, \sigma^2)$ から無作為に大きさ n のサンプルを抜き取ったとき,n 個の各測定値 $x_1, x_2, \cdots, x_n$ の平均値 $\overline{X}$ は,次式で示す平均と標準偏差をもつ正規分布 $N(\mu, \sigma^2/n)$ に従う.

$$E(\overline{X}) = \mu$$

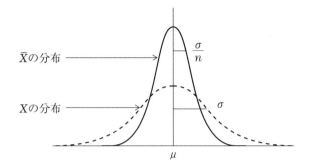

$$D(\overline{X}) = \frac{\sigma}{\sqrt{n}} \quad (V(\overline{X}) = \frac{\sigma^2}{n})$$

ここで,

$$u = \frac{\overline{X} - \mu}{\dfrac{\sigma}{\sqrt{n}}}$$

と変換すると,u は平均 0,標準偏差 1 の正規分布,すなわち,$N(0, 1^2)$ に従う.

なお,平均 0,標準偏差 1 の正規分布を標準正規分布という.

さて,このとき σ の値が未知のときには,どうなるかを考える.そのときには,σ を n 個のデータから求めた標準偏差 s で代用する.

$$u' = \frac{\overline{X} - \mu}{\dfrac{s}{\sqrt{n}}}$$

u' は t 分布と呼ばれる分布に従う.t 分布は正規分布に似た形の分布であるが,データの数 n により形が異なる.

分散の加法性

■ 平均 $E(X)$ の性質

X_1, X_2, $\cdots$, X_n が互いに独立な確率変数とする．a を定数とする．
確率変数の平均 $E(X)$ には次の性質がある．

① $E(aX) = aE(X)$

② $E(a_1X_1 + a_2X_2 + \cdots + a_nX_n) = a_1E(X_1) + a_2E(X_2) + \cdots + a_nE(X_n)$

上記の②から

$$E(X_1 + X_2) = E(X_1) + E(X_2)$$
$$E(X_1 - X_2) = E(X_1) - E(X_2)$$

■ 分散 $V(X)$ の性質

確率変数の分散 $V(X)$ には次の性質がある．

③ $V(aX) = a^2V(X)$

④ $V(a_1X_1 + a_2X_2 + \cdots + a_nX_n) = a_1{}^2V(X_1) + a_2{}^2V(X_2) + \cdots + a_n{}^2V(X_n)$

上記の④から

$$V(X_1 + X_2) = V(X_1) + V(X_2)$$
$$V(X_1 - X_2) = V(X_1) + V(X_2)$$

④の性質を分散の加法性という．

なお，X_1, X_2, $\cdots$, X_n が独立でないときは，次のようになる．

$$V(X_1 + X_2) = V(X_1) + V(X_2) + 2Cov(X_1, X_2)$$
$$V(X_1 - X_2) = V(X_1) + V(X_2) - 2Cov(X_1, X_2)$$

ここに，$Cov(X_1, X_2)$ は X_1 と X_2 の共分散

■ 例題

2種類の部品 A と B を別々に製造して，それらを組み合わせて一つの部品 C を製造しているものとする．

ここで，

A の寸法 X は平均 60，分散 3^2 の正規分布に従う，すなわち $N(60, 3^2)$

Bの寸法 Y は平均 15，分散 2^2 の正規分布に従う．すなわち $N(15, 2^2)$ とする．

① Cが次のように製造されているとき，Cの全長 Z の平均 $E(Z)$ と分散 $V(Z)$ を求めよ.

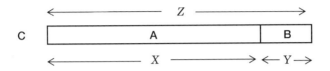

$$E(Z) = E(X + Y) = E(X) + E(Y) = 60 + 15 = 75$$
$$V(Z) = V(X + Y) = V(X) + V(Y) = 3^2 + 2^2 = 13$$

② Cが次のように製造されているとき，h部の寸法 Z の平均 $E(Z)$ と分散 $V(Z)$ を求めよ.

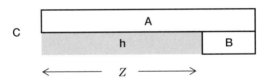

$$E(Z) = E(X - Y) = E(X) - E(Y) = 60 - 15 = 45$$
$$V(Z) = V(X - Y) = V(X) + V(Y) = 3^2 + 2^2 = 13$$

確率の計算

■ 標準正規分布の確率計算

　$N(0, 1^2)$，すなわち，平均が 0，標準偏差が 1 の正規分布は標準正規分布と呼ばれるが，正規分布表により，標準正規分布に従う確率変数がある値以上，あるいは，ある値以下となる確率を求めることができる．

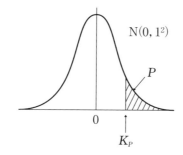

　正規分布表を使うことで，標準正規分布に従う確率変数 u がある値 K_P 以上となる確率 P を求めることができる．数式で表現すると，次のような関係が成立する．

$$\Pr(u \geq K_P) = P \quad \leftarrow 確率変数 u が K_P 以上になる確率は P$$

■ 例題

① $\Pr(u \geq 1.24) = 0.1075$

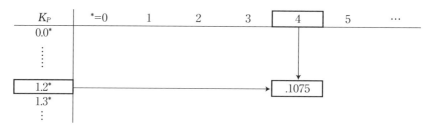

正規分布表の見方

② $\mathrm{Pr}(u \leqq -1.24) = \mathrm{Pr}(u \geqq 1.24) = 0.1075$

③ $\mathrm{Pr}(u \geqq -1.24) = 1 - \mathrm{Pr}(u \leqq -1.24)$

$\qquad = 1 - \mathrm{Pr}(u \geqq 1.24)$

$\qquad = 1 - 0.1075 = 0.8925$

④ $\mathrm{Pr}(0.23 \leqq u \leqq 1.79) = \mathrm{Pr}(u \leqq 1.79) - \mathrm{Pr}(u \leqq 0.23)$

$\qquad = \{1 - \mathrm{Pr}(u \geqq 1.79)\} - \{1 - \mathrm{Pr}(u \geqq 0.23)\}$

$\qquad = \mathrm{Pr}(u \geqq 0.23) - \mathrm{Pr}(u \geqq 1.79)$

$\qquad = 0.4090 - 0.0367 = 0.3723$

■ 正規分布の確率計算

$\mathrm{N}(\mu, \sigma^2)$，すなわち，平均が μ，標準偏差が σ の正規分布に従う確率変数 X がある値 m 以上，あるいは，ある値 m 以下となる確率を求めるときには，$\mathrm{N}(0, 1^2)$ で考えることができるように，次のような数値変換をする．

$$U = \frac{X - \mu}{\sigma}$$

この U は $\mathrm{N}(0, 1^2)$ となり，先ほどの標準正規分布に従う確率変数 u とまったく同じように考えることができるので，正規分布表により確率を求めることができる．X を U に変換することを標準化あるいは規準化と呼んでいる．

■ 例題

① 確率変数 X が $\mathrm{N}(20, 4^2)$ に従うとする．

$$\mathrm{Pr}(X \geqq 24) = \mathrm{Pr}(u \geqq \frac{24 - 20}{4}) = \mathrm{Pr}(u \geqq 1) = 0.1587$$

② 確率変数 X が $\mathrm{N}(100, 30^2)$ に従うとする．

$$\mathrm{Pr}(X \leqq 53.5) = \mathrm{Pr}(u \leqq \frac{53.5 - 100}{30})$$

$$= \mathrm{Pr}(u \leqq -1.55)$$

$$= \mathrm{Pr}(u \geqq 1.55) = 0.0606$$

第**3**章

統計的推論

1つの母平均に関する検定と推定（σ既知）

▉ 例題

ある車両部品の重量(g)を測定している．この重量は平均で60であることを保証してきた．今般，材質の変更を行ったので，60でないことが想定される．そこで，16個の部品を無作為に選んで，重量を測定したところ，次のようなデータが得られた．

64	59	62	59
61	63	61	61
61	59	62	63
59	60	60	64

母平均 μ は60といえるかどうか検定せよ．

なお，重量のばらつきについては従来の値が利用でき，その数値は標準偏差で $\sigma = 2$ である．

▉ 仮説と有意水準の設定

題意から μ が60か否かを問題にしているので，両側仮説として，以下のようになる．

　　　　帰無仮説 H_0：$\mu = 60$

　　　　対立仮説 H_1：$\mu \neq 60$

　（注）　以下のような書き方もある．

　　　　帰無仮説 H_0：$\mu = \mu_0$　（$\mu_0 = 60$）

　　　　対立仮説 H_1：$\mu \neq \mu_0$

有意水準 $\alpha = 0.05$ とする．

■ 計算

① $\overline{x}$ の計算

まずは，$n = 16$ の平均値 $\overline{x}$ を計算する．

$$\overline{x} = \frac{64+61+61+59+59+63+59+60+62+61+62+60+59+61+63+64}{16}$$

$$= 61.125$$

② 検定統計量 u_0 の計算

$$u_0 = \frac{\overline{x} - \mu_0}{\dfrac{\sigma}{\sqrt{n}}}$$

$$= \frac{61.125 - 60}{\dfrac{2}{\sqrt{16}}}$$

$$= 2.250$$

■ 判定

検定統計量 u_0 の値と標準正規分布のパーセント点 $u(\alpha)$ を比較する．

$\alpha = 0.05$ のとき $u(\alpha) = u(0.05) = 1.96$ である．

ここで，両側仮説のときには $|u_0|$ と比較することに注意されたい．

$$|u_0| = 2.250 > u(0.05) = 1.96$$

なので，帰無仮説 H_0 は棄却される．

したがって，母平均は 60 ではないといえる．

（注 1）「帰無仮説 H_0 は棄却される」というのを「有意である」と表現してもよい．

（注 2）「帰無仮説 H_0 は棄却されない」を「有意でない」と表現してもよい．ただし，有意でないときには「母平均は 60 でないとはいえない」という消極的な結論になる．

■ 検定の計算式と棄却条件

母標準偏差 σ が既知（母分散 σ^2 が既知）のときの母平均に関する検定における計算式と帰無仮説 H_0 を棄却する条件は次のとおりである．

① 検定統計量 u_0 の計算式

$$u_0 = \frac{\overline{x} - \mu_0}{\frac{\sigma}{\sqrt{n}}}$$

② 帰無仮説 H_0 を棄却する条件（＝有意とする条件）
- 対立仮説 H_1：$\mu \neq \mu_0$ のとき $|u_0| \geq u(0.05)$ ならば H_0 を棄却
- 対立仮説 H_1：$\mu > \mu_0$ のとき $u_0 \geq u(0.10)$ ならば H_0 を棄却
- 対立仮説 H_1：$\mu < \mu_0$ のとき $u_0 \leq -u(0.10)$ ならば H_0 を棄却
  ※ $u(0.05) = 1.96$，$u(0.10) = 1.645$

■ 点推定

母平均 μ の点推定は次のように求められる．

$$\hat{\mu} = \overline{x}$$
$$= 61.125$$

■ 区間推定

母平均 μ の 95％信頼区間は次のように求められる．

$$\mu_L = \overline{x} - u(0.05)\frac{\sigma}{\sqrt{n}} = 61.125 - 1.96 \times \frac{2}{\sqrt{16}} = 60.145$$

$$\mu_U = \overline{x} + u(0.05)\frac{\sigma}{\sqrt{n}} = 61.125 + 1.96 \times \frac{2}{\sqrt{16}} = 62.105$$

$60.145 \leq \mu \leq 62.105$ （信頼率 95％）

■ 推定の計算式

母標準偏差 σ が既知（母分散 σ^2 が既知）のときの母平均に関する推定における計算式は次のとおりである.

① 点推定の計算式

$$\hat{\mu} = \overline{x}$$

② 区間推定の計算式

$$\mu_{\mathrm{L}} = \overline{x} - u(\alpha)\frac{\sigma}{\sqrt{n}}$$

$$\mu_{\mathrm{U}} = \overline{x} + u(\alpha)\frac{\sigma}{\sqrt{n}}$$

95％信頼区間のとき　$u(\alpha) = u(0.05) = 1.96$
90％信頼区間のとき　$u(\alpha) = u(0.10) = 1.645$
99％信頼区間のとき　$u(\alpha) = u(0.01) = 2.576$

1つの母平均に関する検定と推定（σ未知）

■ 例題

　あるガラス板の寸法(cm)を測定している．この寸法は平均で116であることを保証してきた．今般，製造方法の変更を行ったので，116より長くなることが想定された．そこで，10個の部品を無作為に選んで，寸法を測定したところ，次のようなデータが得られた．

112	118
122	113
125	120
119	119
121	113

　母平均μは116より大きいかどうか検定せよ．

■ 仮説と有意水準の設定

　題意からμが116より大きいか否かを問題にしているので，片側仮説として，次のようになる．

　　　　帰無仮説 H_0：$\mu = 116$
　　　　対立仮説 H_1：$\mu > 116$

　（注）　次のような書き方もある．
　　　　帰無仮説 H_0：$\mu = \mu_0$　（$\mu_0 = 116$）
　　　　対立仮説 H_1：$\mu > \mu_0$

　有意水準 $\alpha = 0.05$ とする．
　なお，母標準偏差 σ は未知である．

■ 計算

① $\bar{x}$ の計算

平均値 $\bar{x}$ を計算する.

$$\bar{x} = \frac{112 + 122 + 125 + 119 + 121 + 118 + 113 + 120 + 119 + 113}{10}$$

$$= 118.2$$

② S の計算

偏差平方和 S を計算する.

$$S = 112^2 + 122^2 + 125^2 + 119^2 + 121^2 + 118^2 + 113^2 + 120^2 + 119^2 + 113^2$$

$$- \frac{(112 + 122 + 125 + 119 + 121 + 118 + 113 + 120 + 119 + 113)^2}{10}$$

$$= 165.6$$

③ V の計算

分散 V を計算する.

$$V = \frac{S}{n-1} = \frac{165.6}{10-1} = 18.4$$

④ 検定統計量 t_0 の計算

$$t_0 = \frac{\bar{x} - \mu_0}{\sqrt{\dfrac{V}{n}}}$$

$$= \frac{118.2 - 116}{\sqrt{\dfrac{18.4}{10}}}$$

$$= 1.622$$

■ 判定

検定統計量 t_0 の値と自由度 ϕ の t 分布のパーセント点 $t(\phi, 2\alpha)$ を比較する.

ここで, $\phi = n - 1 = 10 - 1 = 9$

t 表より, $\alpha = 0.05$ のとき, $t(\phi, 2\alpha) = t(9, 0.10) = 1.83$ である.

なお, 片側仮説のときには $t(\phi, \alpha)$ ではなく $t(\phi, 2\alpha)$ と比較することに注意されたい.

$$t_0 = 1.622 < t(9, 0.10) = 1.83$$

なので, 帰無仮説 H_0 は棄却されない.

したがって, 母平均は 116 より大きいとはいえない.

■ 検定の計算式と棄却条件

母標準偏差 σ が未知(母分散 σ^2 が未知)のときの母平均に関する検定における計算式と帰無仮説 H_0 を棄却する条件は次のとおりである.

① 検定統計量 t_0 の計算式

$$t_0 = \frac{\overline{x} - \mu_0}{\sqrt{\dfrac{V}{n}}}$$

② 帰無仮説 H_0 を棄却する条件(=有意とする条件)
- 対立仮説 $H_1 : \mu \neq \mu_0$ のとき $|t_0| \geq t(\phi, \alpha)$ ならば H_0 を棄却
- 対立仮説 $H_1 : \mu > \mu_0$ のとき $t_0 \geq t(\phi, 2\alpha)$ ならば H_0 を棄却
- 対立仮説 $H_1 : \mu < \mu_0$ のとき $t_0 \leq -t(\phi, 2\alpha)$ ならば H_0 を棄却
  ※ $t(\phi, \alpha)$ および $t(\phi, 2\alpha)$ は t 表より求める.
  なお, 自由度 $\phi = n - 1$

■ 点推定

母平均 μ の点推定は次のように求められる.

$$\hat{\mu} = \overline{x}$$
$$= 118.2$$

■ 区間推定

母平均 μ の95%信頼区間は次のように求められる.

$$\mu_L = \overline{x} - t(\phi, 0.05)\sqrt{\frac{V}{n}} = 118.2 - 2.26 \times \sqrt{\frac{18.4}{10}} = 115.13$$

$$\mu_U = \overline{x} + t(\phi, 0.05)\sqrt{\frac{V}{n}} = 118.2 + 2.26 \times \sqrt{\frac{18.4}{10}} = 121.27$$

$$115.13 \leqq \mu \leqq 121.27 \quad (信頼率95\%)$$

(注) t 表より $t(9, 0.05) = 2.26$

■ 推定の計算式

母標準偏差 σ が未知(母分散 σ^2 が未知)のときの母平均に関する推定における計算式は次のとおりである.

① 点推定の計算式

$$\hat{\mu} = \overline{x}$$

② 区間推定の計算式

$$\mu_L = \overline{x} - t(\phi, \alpha)\sqrt{\frac{V}{n}}$$

$$\mu_U = \overline{x} + t(\phi, \alpha)\sqrt{\frac{V}{n}}$$

95%信頼区間のとき $t(\phi, \alpha) = t(\phi, 0.05)$

2つの母平均の差に関する検定と推定

■ 例題

　2つの異なる方法(A法とB法)で製造した部品の重量(g)に違いがある
か否かを調べるために，それぞれの方法で製造した部品を無作為に抽出
して重量を測定した．A法で製造した部品からは10個($n_A = 10$)，B法
で製造した部品からは9個($n_B = 9$)抽出している．その結果，次のよう
なデータが得られた．なお，A法とB法のばらつきは等しく，$\sigma_A{}^2 = \sigma_B{}^2$
と仮定できるものとする．

A法	B法
23	25
21	21
21	31
11	27
19	29
22	20
26	19
21	25
25	29
18	

　A法の重量の母平均 μ_A とB法の重量の母平均 μ_B に差があるか否か検
定せよ．

■ 仮説と有意水準の設定

　題意から2つの母平均 μ_A と μ_B に差があるか否かを問題にしているの
で，両側仮説として，以下のようになる．

　　　　帰無仮説 H_0：$\mu_A = \mu_B$
　　　　対立仮説 H_1：$\mu_A \neq \mu_B$
　有意水準 $\alpha = 0.05$ とする．

■ 計算

① $\overline{x}_A$ と $\overline{x}_B$ の計算

A法の平均値 $\overline{x}_A$ と B法の平均値 $\overline{x}_B$ を計算する.

$$\overline{x}_A = \frac{23 + 21 + 21 + 11 + 19 + 22 + 26 + 21 + 25 + 18}{10} = 20.70$$

$$\overline{x}_B = \frac{25 + 21 + 31 + 27 + 29 + 20 + 19 + 25 + 29}{9} = 25.11$$

② S_A と S_B の計算

A法の偏差平方和 S_A と B法の偏差平方和 S_B を計算する.

$$S_A = 23^2 + 21^2 + 21^2 + 11^2 + 19^2 + 22^2 + 26^2 + 21^2 + 25^2 + 18^2$$
$$- \frac{(23 + 21 + 21 + 11 + 19 + 22 + 26 + 21 + 25 + 18)^2}{10} = 158.10$$

$$S_B = 25^2 + 21^2 + 31^2 + 27^2 + 29^2 + 20^2 + 19^2 + 25^2 + 29^2$$
$$- \frac{(25 + 21 + 31 + 27 + 29 + 20 + 19 + 25 + 29)^2}{9} = 148.89$$

③ ϕ_A と ϕ_B の計算

A法の自由度 ϕ_A と B法の自由度 ϕ_B を計算する.

$$\phi_A = n_A - 1 = 10 - 1 = 9 \quad (n_A \text{ は A 法のサンプルサイズ})$$
$$\phi_B = n_B - 1 = 9 - 1 = 8 \quad (n_B \text{ は B 法のサンプルサイズ})$$

④ V の計算

$\sigma_A{}^2 = \sigma_B{}^2$ と仮定できるので,A法とB法に共通の分散 V を計算する.

$$V = \frac{S_A + S_B}{\phi_A + \phi_B} = \frac{158.10 + 148.89}{9 + 8} = 18.058$$

⑤　検定統計量 t_0 の計算

$$t_0 = \frac{\overline{x}_A - \overline{x}_B}{\sqrt{\left(\dfrac{1}{n_A} + \dfrac{1}{n_B}\right) V}}$$

$$= \frac{20.70 - 25.11}{\sqrt{\left(\dfrac{1}{10} + \dfrac{1}{9}\right) \times 18.058}}$$

$$= 2.259$$

■ 判定

検定統計量 $|t_0|$ の値と自由度 $\phi = \phi_A + \phi_B$ の t 分布のパーセント点 $t(\phi, \alpha)$ を比較する.

ここで，$\phi = \phi_A + \phi_B = 9 + 8 = 17$

t 表より，$\alpha = 0.05$ のとき，$t(\phi, \alpha) = t(17, 0.05) = 2.110$ である.

なお，両側仮説のときには t_0 ではなく $|t_0|$ と，$t(\phi, \alpha)$ を比較することに注意されたい.

$$|t_0| = 2.259 > t(17, 0.05) = 2.110$$

なので，帰無仮説 H_0 は棄却される.

したがって，2つの母平均 μ_A と μ_B に差があるといえる.

■ 検定の計算式と棄却条件

2つの母平均の差に関する検定における計算式と帰無仮説 H_0 を棄却する条件は次のとおりである.

① 検定統計量 t_0 の計算式

$$t_0 = \frac{\overline{x}_A - \overline{x}_B}{\sqrt{\left(\dfrac{1}{n_A} + \dfrac{1}{n_B}\right) V}}$$

② 帰無仮説 H_0 を棄却する条件（＝有意とする条件）

- 対立仮説 $H_1 : \mu_A \neq \mu_B$ のとき $|t_0| \geq t(\phi, \alpha)$ ならば H_0 を棄却
- 対立仮説 $H_1 : \mu_A > \mu_B$ のとき $t_0 \geq t(\phi, 2\alpha)$ ならば H_0 を棄却
- 対立仮説 $H_1 : \mu_A < \mu_B$ のとき $t_0 \leq -t(\phi, 2\alpha)$ ならば H_0 を棄却

※ $t(\phi, \alpha)$，および $t(\phi, 2\alpha)$ は t 表より求める.

なお，自由度 $\phi = \phi_A + \phi_B = n_A + n_B - 2$

■ 差の点推定

母平均 μ_A と μ_B の差の点推定は次のように求められる.

$$\widehat{\mu_A - \mu_B} = \overline{x}_A - \overline{x}_B$$
$$= -4.41$$

■ 区間推定

母平均 $\mu_A - \mu_B$ の95％信頼区間は次のように求められる.

$$(\mu_A - \mu_B)_L = (\overline{x}_A - \overline{x}_B) - t(\phi, 0.05)\sqrt{\left(\frac{1}{n_A} + \frac{1}{n_B}\right)V}$$
$$= (20.70 - 25.11) - 2.110\sqrt{\left(\frac{1}{10} + \frac{1}{9}\right) \times 18.058}$$
$$= -8.531$$

$$(\mu_A - \mu_B)_U = (\overline{x}_A - \overline{x}_B) + t(\phi, 0.05)\sqrt{\left(\frac{1}{n_A} + \frac{1}{n_B}\right)V}$$
$$= (20.70 - 25.11) + 2.110\sqrt{\left(\frac{1}{10} + \frac{1}{9}\right) \times 18.058}$$
$$= -0.291$$

$$-8.531 \leq \mu_A - \mu_B \leq -0.291 \quad （信頼率95\%）$$

■ 推定の計算式

2つの母平均の差を推定する計算式は次のとおりである.

① 点推定の計算式

$$\widehat{\mu_A - \mu_B} = \overline{x}_A - \overline{x}_B$$

② 区間推定の計算式

$$(\mu_A - \mu_B)_L = (\overline{x}_A - \overline{x}_B) - t(\phi, \alpha)\sqrt{\left(\frac{1}{n_A} + \frac{1}{n_B}\right)V}$$

$$(\mu_A - \mu_B)_U = (\overline{x}_A - \overline{x}_B) + t(\phi, \alpha)\sqrt{\left(\frac{1}{n_A} + \frac{1}{n_B}\right)V}$$

95％信頼区間のとき $t(\phi, \alpha) = t(\phi, 0.05) = t(\phi_A + \phi_B, 0.05)$

■ 母分散が等しいと仮定できないとき

2つの母平均の差を検定および推定するときに, $\sigma_A^2 = \sigma_B^2$ と仮定できないときには, 計算式が次のようになる.

① 検定統計量 t_0 の計算式

$$t_0 = \frac{\overline{x}_A - \overline{x}_B}{\sqrt{\dfrac{V_A}{n_A} + \dfrac{V_B}{n_B}}}$$

この t_0 の値と t 分布の確率パーセント点(t表の値)を比べることになるが, 自由度が次式で求めた自由度 ϕ^* を使うので, 注意しなければならない.

$$\phi^* = \frac{\left(\dfrac{V_A}{n_A} + \dfrac{V_B}{n_B}\right)^2}{\left\{\dfrac{\left(\dfrac{V_A}{n_A}\right)^2}{\phi_A} + \dfrac{\left(\dfrac{V_B}{n_B}\right)^2}{\phi_B}\right\}}$$

② 区間推定の計算式

$$(\mu_A - \mu_B)_L = (\overline{x}_A - \overline{x}_B) - t(\phi^*, \alpha)\sqrt{\frac{V_A}{n_A} + \frac{V_B}{n_B}}$$

$$(\mu_A - \mu_B)_U = (\overline{x}_A - \overline{x}_B) + t(\phi^*, \alpha)\sqrt{\frac{V_A}{n_A} + \frac{V_B}{n_B}}$$

95％信頼区間のとき $t(\phi^*, \alpha) = t(\phi^*, 0.05)$

※ $\sigma_A^2 = \sigma_B^2$ と仮定できるときの t 検定を Student の t 検定，仮定できないときの t 検定を Welch の t 検定と呼んでいる．

対応のある2つの母平均の差の検定と推定

■ 例題

　ある製品の含水量を2つの異なる方法（A法とB法）で測定して，同じ結果が得られるか否かを検証する必要性が生じた．そこで，製品12個を無作為に抽出して，どの製品もA法とB法の両方の方法で含水率を測定した．その結果が次のデータ表である．

製品	A法	B法
1	20	18
2	16	10
3	20	11
4	27	29
5	13	11
6	18	18
7	16	18
8	23	17
9	28	24
10	21	19
11	17	18
12	21	17

　A法とB法で含水率に差があるかどうかを検定せよ．

■ 対応のあるデータ

　同じ製品を2つの方法で測定した結果は，データごとにペアを作成でき，このようなデータを対応のあるデータという．n人の人間の右手と左手の握力，薬を投与される前と後の体温，n個の製品の乾燥前と乾燥後の水分量といったようなデータが対応のあるデータとなる．さて，データに対応がある場合の母平均の差の検定は，ペアごとに引き算して差を求め，

その差の母平均が0か否かという検定を行うことになる.

仮説と有意水準の設定

題意から2つの母平均 μ_A と μ_B に差があるか否かを問題にしているので，両側仮説として，以下のようになる.

帰無仮説 H_0： $\mu_A - \mu_B = 0$
対立仮説 H_1： $\mu_A - \mu_B \neq 0$

有意水準 $\alpha = 0.05$ とする.

(注) $\mu_A - \mu_B = 0$ という表現は数学的には $\mu_A = \mu_B$ と同じであるが，対応があるときと，対応がないときを区別する意味から，対応があるときには $\mu_A - \mu_B = 0$ と表現することが多い.

計算

① 差 d の計算
$A - B$ を計算して，d とする.

製品	A法	B法	$d = A - B$
1	20	18	2
2	16	10	6
3	20	11	9
4	27	29	−2
5	13	11	2
6	18	18	0
7	16	18	−2
8	23	17	6
9	28	24	4
10	21	19	2
11	17	18	−1
12	21	17	4

② $\overline{d}$ の計算

差 d の平均値 $\overline{d}$ を計算する.

$$\overline{d} = \frac{2+6+9+(-2)+2+0+(-2)+6+4+2+(-1)+4}{12}$$

$$= 2.50$$

③ S_d の計算

d の偏差平方和 S_d を計算する.

$$S_d = 2^2+6^2+9^2+(-2)^2+2^2+0^2+(-2)^2+6^2+4^2+2^2+(-1)^2+4^2$$

$$= \frac{\{2+6+9+(-2)+2+0+(-2)+6+4+2+(-1)+4\}^2}{12}$$

$$= 131$$

④ ϕ_d の計算

d の自由度 ϕ_d を計算する.

$$\phi_d = n - 1 = 12 - 1 = 11 \quad (n \text{ は差のデータ数})$$

⑤ V_d の計算

d の分散 V_d を計算する.

$$V_d = \frac{S_d}{\phi_d} = \frac{131}{11} = 11.909$$

⑥ 検定統計量 t_0 の計算

$$t_0 = \frac{\overline{d}}{\sqrt{\dfrac{V_d}{n}}} = \frac{2.5}{\sqrt{\dfrac{11.909}{12}}} = 2.509$$

■ 判定

　検定統計量 $|t_0|$ の値と自由度 ϕ_d の t 分布のパーセント点 $t(\phi_d, \alpha)$ を比較する.

t 表より，$\alpha = 0.05$ のとき，$t(\phi_d, \alpha) = t(11, 0.05) = 2.201$ である．

なお，両側仮説のときには t_0 ではなく，$|t_0|$ と $t(\phi_d, \alpha)$ を比較することに注意されたい．

$$|t_0| = 2.509 > t(11, 0.05) = 2.201$$

なので，帰無仮説 H_0 は棄却される．

したがって，2つの母平均 μ_A と μ_B に差があるといえる．

■ 検定の計算式と棄却条件

対応のあるデータの2つの母平均の差に関する検定における計算式と帰無仮説 H_0 を棄却する条件は次のとおりである．

① 検定統計量 t_0 の計算式

$$t_0 = \frac{\overline{d}}{\sqrt{\dfrac{V_d}{n}}}$$

② 帰無仮説 H_0 を棄却する条件（＝有意とする条件）
- 対立仮説 $H_1 : \mu_A - \mu_B \neq 0$ のとき
  - $|t_0| \geq t(\phi_d, \alpha)$ ならば H_0 を棄却
- 対立仮説 $H_1 : \mu_A - \mu_B > 0$ のとき
  - $t_0 \geq t(\phi_d, 2\alpha)$ ならば H_0 を棄却
- 対立仮説 $H_1 : \mu_A - \mu_B < 0$ のとき
  - $t_0 \leq - t(\phi_d, 2\alpha)$ ならば H_0 を棄却
  - ※ $t(\phi_d, \alpha)$ および $t(\phi_d, 2\alpha)$ は t 表より求める．
  - なお，自由度 $\phi_d = n - 1$

■ 差の点推定

母平均 μ_A と μ_B の差の点推定は次のように求められる．

$$\widehat{\mu_A - \mu_B} = \overline{d} = 2.50$$

■ 区間推定

母平均 $\mu_A - \mu_B$ の95%信頼区間は次のように求められる.

$$(\mu_A - \mu_B)_L = \overline{d} - t(\phi_d, 0.05)\sqrt{\frac{V_d}{n}}$$

$$= 2.50 - 2.201\sqrt{\frac{11.909}{12}} = 0.307$$

$$(\mu_A - \mu_B)_U = \overline{d} + t(\phi_d, 0.05)\sqrt{\frac{V_d}{n}}$$

$$= 2.50 + 2.201\sqrt{\frac{11.909}{12}} = 4.693$$

$0.307 \leqq \mu_A - \mu_B \leqq 4.693$ （信頼率95%）

■ 推定の計算式

対応のあるデータの2つの母平均の差を推定する計算式は次のとおりである.

① 点推定の計算式

$$\widehat{\mu_A - \mu_B} = \overline{d}$$

② 区間推定の計算式

$$(\mu_A - \mu_B)_L = \overline{d} - t(\phi_d, \alpha)\sqrt{\frac{V_d}{n}}$$

$$(\mu_A - \mu_B)_U = \overline{d} + t(\phi_d, \alpha)\sqrt{\frac{V_d}{n}}$$

95%信頼区間のとき $t(\phi_d, \alpha) = t(\phi_d, 0.05)$

■ 対応ありと対応なし

対応があるデータに対して，対応がないとして，2つの母平均の差を検定および推定を適用するのは理論的に誤りであり，また，計算結果も異なるので注意する必要がある.

　データに対応があるか否かの判断は，与えられたデータ表を見ても判断できない．どのようなデータのとり方をしたのかで決まるのである．データに対応をもたせて測定したのか否かである．例えば，人間の視力は左目と右目で差があるか否かを検証することを考えてみよう．仮に10人の人を集めたとしよう．この10人を無作為に5人ずつ2つのグループに分けて，一方のグループでは左目の視力を，もう一方のグループでは右目の視力を調べたとすると，次のようなデータ表になる．

左	右
1.5	0.2
0.1	0.6
0.5	1.1
1.2	0.9
0.8	1.3

　このデータは左目を調べる人と右目を調べる人をまったく無関係に選んでいるので，「対応がないデータ」である．さて，このようなデータを収集しても，人間の視力の左右差は議論できない．なぜならば，このデータで左と右で差が生じていても，それが左右差によるものなのか人の違いによるものなのかを分離できないからである．左右差を議論するのであれば，例えば，5人について，同一人物の左右の視力を測定する必要が生じる．この場合は次のようなデータ表になる．

人	左	右
1	1.5	1.3
2	0.1	0.2
3	0.5	0.6
4	1.2	1.1
5	0.8	0.9

　1行目は1番さんの左右の視力であり，行ごとにペアをつくることができる．このようなとり方をして集めたデータが「対応のあるデータ」である．

1 つの母分散に関する検定と推定

■ 例題

ある製品を無作為に 10 個選んで，同一の測定器で重量 (mg) を計測した結果が次のデータ表である．

22.5
22.7
17.9
18.4
21.4
24.5
21.2
21.1
20.9
20.6

重量のばらつき (母分散 σ^2) は 5^2 よりも小さいといえるか検定せよ．

■ 仮説と有意水準の設定

題意から母分散 σ^2 がある値よりも小さいか否かを問題にしているので，片側仮説を設定する．

帰無仮説 H_0 : $\sigma^2 = 5^2$

対立仮説 H_1 : $\sigma^2 < 5^2$

有意水準 $\alpha = 0.05$ とする．

(注)　次のように表現することもある．

帰無仮説 H_0 : $\sigma^2 = \sigma_0^2$ （$\sigma_0^2 = 5^2$）

対立仮説 H_1 : $\sigma^2 < \sigma_0^2$

■ 計算

① S の計算

偏差平方和 S を計算する.

$$S = 22.5^2 + 22.7^2 + 17.9^2 + 18.4^2 + 21.4^2 + 24.5^2 + 21.2^2 + 21.1^2 + 20.9^2 + 20.6^2$$
$$- \frac{(22.5 + 22.7 + 17.9 + 18.4 + 21.4 + 24.5 + 21.2 + 21.1 + 20.9 + 20.6)^2}{10}$$
$$= 33.996$$

② ϕ の計算

自由度 ϕ を計算する.

$$\phi = n - 1 = 10 - 1 = 9$$

③ 検定統計量 χ_0^2 の計算

$$\chi_0^2 = \frac{S}{\sigma_0^2} = \frac{33.996}{5^2} = 1.3598$$

■ 判定

検定統計量 χ_0^2 の値と χ^2 分布のパーセント点 $\chi^2(\phi, 1 - \alpha)$ を比較する.

χ^2 表より, $\alpha = 0.05$ のとき, $\chi^2(\phi, 1 - \alpha) = \chi^2(9, 0.95) = 3.33$ である.

なお, 片側仮説で小さくなったか否かを見たいときには, $\chi^2(\phi, \alpha)$ ではなく, $\chi^2(\phi, 1 - \alpha)$ と比較することに注意されたい.

$$\chi_0^2 = 1.3598 < \chi^2(9, 0.95) = 3.33$$

なので, 帰無仮説 H_0 は棄却される.

したがって, 母分散 σ^2 は 5^2 よりも小さいといえる.

■ 検定の計算式と棄却条件

母分散 σ^2 がある値 σ_0^2 に等しいか否かの検定における計算式と帰無仮説 H_0 を棄却する条件は次のとおりである.

① 検定統計量 t_0 の計算式

$$\chi_0^2 = \frac{S}{\sigma_0^2}$$

② 帰無仮説 H_0 を棄却する条件(=有意とする条件)
- 対立仮説 H_1: $\sigma^2 \neq \sigma_0^2$ のとき
  $\chi_0^2 \geq \chi^2(\phi, \alpha/2)$ または $\chi_0^2 \leq \chi^2(\phi, 1-\alpha/2)$
  ならば H_0 を棄却
- 対立仮説 H_1: $\sigma^2 > \sigma_0^2$ のとき
  $\chi_0^2 \geq \chi^2(\phi, \alpha)$ ならば H_0 を棄却
- 対立仮説 H_1: $\sigma^2 < \sigma_0^2$ のとき
  $\chi_0^2 \leq \chi^2(\phi, 1-\alpha)$ ならば H_0 を棄却
  ※ $\chi^2(\phi, \alpha/2)$, $\chi^2(\phi, \alpha)$, $\chi^2(\phi, 1-\alpha/2)$, $\chi^2(\phi, 1-\alpha)$ の値は χ^2 表より求める. なお, 自由度 $\phi = n - 1$

■ 差の点推定

母分散 σ^2 の点推定は次のように求められる.

$$\hat{\sigma}^2 = V$$

$$= \frac{S}{\phi}$$

$$= \frac{33.996}{9}$$

$$= 3.777$$

■ 区間推定

母分散 σ^2 の 95% 信頼区間は次のように求められる.

$$\sigma^2_{\mathrm{L}} = \frac{S}{\chi^2(9, 0.025)} = \frac{33.996}{19.02} = 1.787$$

$$\sigma^2_{\mathrm{U}} = \frac{S}{\chi^2(9, 0.975)} = \frac{33.996}{2.70} = 12.591$$

$$1.787 \leqq \sigma^2 \leqq 12.591 \quad (信頼率\ 95\%)$$

■ 推定の計算式

母分散 σ^2 を推定する計算式は次のとおりである.

① 点推定の計算式

$$\hat{\sigma}^2 = V = \frac{S}{\phi}$$

② 区間推定の計算式

$$\sigma^2_{\mathrm{L}} = \frac{S}{\chi^2\left(\phi, \dfrac{\alpha}{2}\right)}$$

$$\sigma^2_{\mathrm{U}} = \frac{S}{\chi^2\left(\phi, 1 - \dfrac{\alpha}{2}\right)}$$

95% 信頼区間のとき

$$\chi^2\left(\phi, \frac{\alpha}{2}\right) = \chi^2(\phi, 0.025)$$

$$\chi^2\left(\phi, 1 - \frac{\alpha}{2}\right) = \chi^2(\phi, 0.975)$$

2つの母分散の比に関する検定と推定

■ 例題

材料Aで製造した製品と材料Bで製造した製品の重量のばらつき（母分散）に違いがあるか否かを調べるために，Aの製品を11個，Bの製品を10個無作為に選んで，重量(mg)を計測した．その結果が次のデータ表である．

A	B
42	54
45	48
51	65
52	63
50	57
53	70
58	55
52	62
47	68
54	70
47	

材料Aの母分散σ_A^2とBの母分散σ_B^2に違いがあるか否かを検定せよ．

■ 仮説と有意水準の設定

題意から2つの母分散σ_A^2とσ_B^2に違いがあるか否かを問題にしているので，両側仮説を設定する．

      帰無仮説 H_0：$\sigma_A^2 = \sigma_B^2$

      対立仮説 H_1：$\sigma_A^2 \neq \sigma_B^2$

有意水準 $\alpha = 0.05$ とする．

■ 計算

① S_A と S_B の計算

材料 A の偏差平方和 S_A と B の偏差平方和 S_B を計算する.

$$S_A = 42^2 + 45^2 + 51^2 + 52^2 + 50^2 + 53^2 + 58^2 + 52^2 + 47^2 + 54^2 + 47^2$$
$$- \frac{(42 + 45 + 51 + 52 + 50 + 53 + 58 + 52 + 47 + 54 + 47)^2}{11}$$
$$= 204.909$$
$$S_B = 54^2 + 48^2 + 65^2 + 63^2 + 57^2 + 70^2 + 55^2 + 62^2 + 68^2 + 70^2$$
$$- \frac{(54 + 48 + 65 + 63 + 57 + 70 + 55 + 62 + 68 + 70)^2}{10}$$
$$= 501.600$$

② ϕ_A と ϕ_B の計算

材料 A の自由度 ϕ_A と B の自由度 ϕ_B を計算する.

$$\phi_A = n_A - 1 = 11 - 1 = 10 \quad (n_A は A のサンプルサイズ)$$
$$\phi_B = n_B - 1 = 10 - 1 = 9 \quad (n_B は B のサンプルサイズ)$$

③ V の計算

材料 A の分散 V_A と B の分散 V_B を計算する.

$$V_A = \frac{S_A}{\phi_A} = \frac{204.909}{10}$$
$$= 20.491$$
$$V_B = \frac{S_B}{\phi_B} = \frac{501.600}{9}$$
$$= 55.733$$

④ 検定統計量 F_0 の計算

$$F_0 = \frac{V_B}{V_A} = \frac{55.733}{20.491} = 2.7199$$

（注） 両側仮説のときは値の大きいほうを分子にする.

■ 判定

検定統計量 F_0 の値と F 分布のパーセント点 $F(\phi_B, \phi_A ; \frac{\alpha}{2})$ を比較する.

分子の自由度を第 1 自由度，分母の自由度を第 2 自由度とすることに注意されたい.

F 表より，$\alpha = 0.05$ のとき，$F(\phi_B, \phi_A ; \frac{\alpha}{2}) = F(9, 10 ; 0.025) = 3.78$ である.

$$F_0 = 2.7199 < F(9, 10 ; 0.025) = 3.78$$

なので，帰無仮説 H_0 は棄却されない.

したがって，母分散 $\sigma_A{}^2$ と $\sigma_B{}^2$ に違いがあるとはいえない.

■ 検定の計算式と棄却条件

2 つの母分散 $\sigma_A{}^2$ と $\sigma_B{}^2$ に違いがあるか否かの検定における計算式と帰無仮説 H_0 を棄却する条件は次のとおりである.

① 検定統計量 F_0 の計算式

$$F_0 = \frac{V_A}{V_B} (V_A > V_B \text{ のとき}) \text{ または } F_0 = \frac{V_B}{V_A} (V_A < V_B \text{ のとき})$$

② 帰無仮説 H_0 を棄却する条件(＝有意とする条件)

・対立仮説 H_1：$\sigma_A{}^2 \neq \sigma_B{}^2$ のとき

$$F_0 \geq F(\phi_A, \phi_B ; \alpha/2) \quad (V_A > V_B \text{ のとき})$$

または $F_0 \geq F(\phi_B, \phi_A ; \alpha/2) \quad (V_A < V_B \text{ のとき})$

ならば H_0 を棄却

・対立仮説 H_1：$\sigma_A{}^2 > \sigma_B{}^2$ のとき

$$F_0 = \frac{V_A}{V_B} \geq F(\phi_A, \phi_B ; \alpha) \text{ ならば } H_0 \text{ を棄却}$$

・対立仮説 H_1：$\sigma_A{}^2 < \sigma_B{}^2$ のとき

$$F_0 = \frac{V_B}{V_A} \geqq F(\phi_B, \phi_A ; \alpha) \text{ ならば } H_0 \text{ を棄却}$$

なお，自由度 $\phi_A = n_A - 1$，$\phi_B = n_B - 1$

【参考】母分散の比の区間推定

2つの母分散の比 $\dfrac{\sigma_A^{\;2}}{\sigma_B^{\;2}}$ の 95％信頼区間は次のとおりである．

$$\frac{F_0}{F(\phi_A, \phi_B ; 0.025)} \leqq \frac{\sigma_A^{\;2}}{\sigma_B^{\;2}} \leqq F_0 \times F(\phi_B, \phi_A ; 0.025)$$

ここに，$F_0 = \dfrac{V_A}{V_B}$

2つの母不適合品率に関する検定と推定

■ 2つの母不適合品率の差の検定

　2つの異なる母集団 A と B があるとき，2つの母集団の不適合品率に差があるか否かを調べるための手法が2つの母不適合品率の差の検定である．サンプルの大きさを n，不適合品数を r とすると，

- 母集団 A において，n_A 個検査した中の r_A 個が不適合品のとき

  不適合品率 $p_A = \dfrac{r_A}{n_A}$

- 母集団 B において，n_B 個検査した中の r_B 個が不適合品のとき

  不適合品率 $p_B = \dfrac{r_B}{n_B}$

となる．

　サンプルの大きさ n，不適合品率 p の分布は，母平均 P，母分散 $\dfrac{P(1-P)}{n}$ の二項分布に従い，$nP \geqq 5$ かつ $n(1-P) \geqq 5$ のときは，正規分布に近似して検定を行うことができる．

■ 2つの母不適合品率の差の検定の手順

① 　仮説の設定

　　　帰無仮説 H_0：2つの母不適合品率に差はない（$P_A = P_B$）
　　　対立仮説 H_1：2つの母不適合品率に差がある（$P_A \neq P_B$）

② 　平均不適合品率の計算

　　母集団 A と B の平均不適合品率は，次式で求められる．

　　　$\overline{p} = \dfrac{r_A + r_B}{n_A + n_B}$

③ 検定統計量 u_0 の計算

検定統計量 u_0 は，次式で求められる．

$$u_0 = \frac{p_A - p_B}{\sqrt{\overline{p}(1-\overline{p})\left(\dfrac{1}{n_A} + \dfrac{1}{n_B}\right)}}$$

④ 検定

u_0 が標準正規分布 $N(0, 1^2)$ に従うことを利用して，有意水準 α を 5% または 1% で検定する．

■2つの母不適合品率の差の推定

2つの母不適合品率にどの程度の差があるかを調べるための手法が，2つの母不適合品率の差の推定である．2つの母不適合品率の差の点推定および区間推定は，次式で求められる．

① 点推定

$$\widehat{P_A - P_B} = p_A - p_B$$

② 区間推定

$$(P_A - P_B)_L = (p_A - p_B) - u\left(\frac{\alpha}{2}\right)\sqrt{\overline{p}(1-\overline{p})\left(\frac{1}{n_A} + \frac{1}{n_B}\right)}$$

$$(P_A - P_B)_U = (p_A - p_B) + u\left(\frac{\alpha}{2}\right)\sqrt{\overline{p}(1-\overline{p})\left(\frac{1}{n_A} + \frac{1}{n_B}\right)}$$

2つの母不適合数に関する検定と推定

■ 不適合数の分布

キズの数や事故の数などを品質管理の分野では不適合数あるいは欠点数と呼んでいる．不適合数の分布としてはポアソン分布を想定して解析する．ただし，ポアソン分布は確率計算などが面倒なので，検定や推定においては，正規近似して，正規分布として扱うことになる．正規近似の方法には以下の3つの方法がある．

 ① 直接近似

 ② 対数近似

 ③ 平方根近似

ここでは①の直接近似による検定方法を述べる．ただし，推定は①の直接近似を用いる．

■ 2つの母不適合数に関する検定の例

板ガラスの作製にA法とB法の2つの方法があり，それぞれの方法で作製された板ガラスについて，キズの数を調べたところ，

 A法では10枚で68個

 B法では20枚で84個

のキズが見つかった．2つの方法でキズの数に違いがあるといえるだろうか．

2つの方法によってキズの数（不適合数）が異なるか否かを知りたいので両側検定とする．A法の母不適合数をλ_A，B法の母不適合数をλ_Bとする．

① 仮説の設定

$$H_0 : \lambda_A = \lambda_B$$
$$H_1 : \lambda_A \neq \lambda_B$$

② 有意水準と棄却域の設定

$$\alpha = 0.05$$

$$R : |u_0| \geq u(0.05) = 1.960$$

③ 検定統計量の計算

ポアソン分布を正規分布に近似するときの当てはまり精度を良くするために次のような連続修正を行う.A法とB法におけるキズの数の合計をそれぞれ T_A,T_B とし,検査した枚数を n_A,n_B とする.

$$\widehat{\lambda_A}^* = \frac{T_A + 0.5}{n_A} = \frac{68 + 0.5}{10} = 6.850$$

$$\widehat{\lambda_B}^* = \frac{T_B + 0.5}{n_B} = \frac{84 + 0.5}{20} = 4.255$$

$$\widehat{\lambda}^* = \frac{T_A + T_B + 0.5}{n_A + n_B} = \frac{68 + 84 + 0.5}{10 + 20} = 5.083$$

ポアソン分布は,$n\lambda \geqq 5$ のとき,正規近似することができる.

$$n_A \widehat{\lambda_A}^* = 10 \times 6.850 = 68.5$$
$$n_B \widehat{\lambda_B}^* = 20 \times 4.255 = 84.5$$

どちらも5以上であることから,正規近似条件を満たすので,ポアソン分布の直接近似を行い,検定統計量を算出する.

$$u_0 = \frac{\widehat{\lambda_A}^* - \widehat{\lambda_B}^*}{\sqrt{\widehat{\lambda}^* \cdot \left(\frac{1}{n_A} + \frac{1}{n_B} \right)}} = \frac{6.850 - 4.855}{\sqrt{5.083 \times \left(\frac{1}{10} + \frac{1}{20} \right)}}$$

$$= \frac{1.995}{\sqrt{5.083 \times 0.15}} = \frac{1.995}{0.8732} = 2.285$$

④ 判定

$u_0 = 2.285 > u(0.05) = 1.960$ となり,有意水準5%で帰無仮説 H_0 を棄却する.したがって,A法とB法の母不適合数は異なるといえる.

■ 母不適合数の差の推定

① 点推定

$$\widehat{\lambda_A - \lambda_B} = \frac{T_A}{n_A} - \frac{T_B}{n_B} = \frac{68}{10} - \frac{84}{20} = 2.600$$

② 区間推定

$$\widehat{\lambda_A}^* - \widehat{\lambda_B}^* \pm u(\alpha)\sqrt{\frac{\widehat{\lambda_A}^*}{n_A} + \frac{\widehat{\lambda_B}^*}{n_B}}$$

$$= 6.850 - 4.225 \pm 1.960\sqrt{\frac{6.850}{10} + \frac{4.255}{20}}$$

$$= 2.625 \pm 1.960\sqrt{0.685 + 0.211} = 2.625 \pm 1.960\sqrt{0.896}$$

$$= 2.625 \pm 1.960 \times 0.947$$

$$= 2.625 \pm 1.856$$

したがって，

$$(\lambda_A - \lambda_B)_U = 4.481$$

$$(\lambda_A - \lambda_B)_L = 0.769$$

以上より，A 法と B 法の母不適合数の差の点推定値は 2.60 個，信頼率 95％の信頼限界は 0.77 個〜4.48 個となる.

■ 正規近似の方法

　不適合数の分布としてポアソン分布が用いられるのが一般的であるが，ポアソン分布の確率計算は面倒なので，正規分布に近似して，解析するという方法が使われる．このとき，ポアソン分布を正規近似する方法には直接近似のほかに，対数変換による近似と平方根変換による近似がある.

　対数変換による近似は次のようになる.

$$\ln\hat{\lambda} \sim N\left(\ln\hat{\lambda}, \frac{1}{n\hat{\lambda}}\right)$$

　平方根変換による近似は次のようになる.

$$\sqrt{\hat{\lambda}} \sim N\left(\sqrt{\hat{\lambda}}, \ \frac{1}{4n}\right)$$

なお，n 単位中に不適合数が T 個あるとき，不適合数の平均値を推定する場合に，

$$\frac{T}{n} \qquad とせずに，$$

$$\frac{T+0.5}{n} \qquad とすることを，$$

連続修正と呼んでいる．これは正規分布への近似精度を上げるための工夫であり，必ず行われるというわけではない．

分割表による検定

■ 分割表の解析

　下表はある製造ラインで発生する欠点の数を，欠点項目とラインで組み合わせて集計したものである．このような集計表を分割表と呼んでいる．

　この例では行数が 4，列数が 3 なので，4 × 3 分割表とも呼ばれる．

データ例（ライン別の不良個数）

欠点項目		ライン			計
		A	B	C	
欠点項目	異物	3	5	9	17
	ひび	12	5	10	27
	割れ	6	11	13	30
	カケ	19	7	8	34
計		40	28	40	108

注）　表中の数字は欠点数を示す．

ラインによって欠点項目の出方が異なるかを検定したい．

■ 仮説の設定

このようなときには独立性の χ^2 検定が使われる．

　　　H_0：欠点項目とラインは独立である．

　　　H_1：欠点項目とラインは独立ではない．

■ 期待度数の計算

　最初に i 行 j 列目の期待度数 E_{ij} を計算する．E_{ij} は i 列の合計度数を $f_{i\cdot}$，j 行の合計度数を $f_{\cdot j}$，総合計を n とするとき，以下のように求められる．

$$E_{ij} = \frac{f_{i\cdot} \times f_{\cdot j}}{n}$$

例えば，A ラインの異物の期待度数は，

$$\frac{40 \times 17}{108} = 6.30$$

となる．同様にして，すべての期待度数を計算すると，以下の表になる．

期待度数

	A ライン	B ライン	C ライン
異物	6.30	4.41	6.30
ひび	10.00	7.00	10.00
割れ	11.11	7.78	11.11
カケ	12.59	8.81	12.59

χ^2 値の計算

観測度数と期待度数の差にもとづいて，χ^2 値を計算する．

$$\chi^2 = \sum_{i=1}^{k} \sum_{j=1}^{l} \frac{(n_{ij} - E_{ij})^2}{E_{ij}} \sim \chi^2((k-1)(l-1))$$

$$= \frac{(3-6.30)^2}{6.30} + \frac{(5-4.41)^2}{4.41} + \frac{(9-6.30)^2}{6.30} + \frac{(12-10.00)^2}{10.00} + \frac{(5-7.00)^2}{7.00}$$

$$+ \frac{(10-10.00)^2}{10.00} + \frac{(6-11.11)^2}{11.11} + \frac{(11-7.78)^2}{7.78} + \frac{(13-11.11)^2}{11.11}$$

$$+ \frac{(19-12.59)^2}{12.59} + \frac{(7-8.81)^2}{8.81} + \frac{(8-12.59)^2}{12.59}$$

$$= 13.254$$

H_0 のもとでは $k \times l$ 分割表における χ^2 値は，自由度 $(k-1) \times (l-1)$ の χ^2 分布に従う．この例では自由度 $(3-1) \times (4-1) = 6$ の χ^2 分布に従う．

自由度 $\phi = 6$ の χ^2 分布の有意水準 $\alpha = 0.05$ における値は 12.59 となる.
以上より,

$$\chi^2 = 13.254 > 12.59$$

で有意である.つまり,ラインによって欠点項目の出方は異なるといえる.

第 4 章

相関分析

ポイント 16	ポイント 17	ポイント 18
第 **16** 日目	第 **17** 日目	第 **18** 日目
散布図	相関係数	相関に関する 検定と推定

散布図

■ 相関関係

　体重や身長などの測定される項目を変数という．いま，2つの変数 x と y があるときに，x の変化にともなって，y も変化するような関係を相関関係という．x が増えると y も増えるような関係を正の相関関係，x が増えると y は減るような関係を負の相関関係という．どちらの関係も見られずに無関係な状態を無相関という．

　相関関係と因果関係は別の概念である．例えば，数学の成績と理科の成績に正の相関関係が存在していたとしよう．このとき，数学の点数が高い人は理科の点数も高く，数学の点数が低い人は理科の点数も低いという傾向があるということを示しているが，数学を勉強すると理科の点数が良くなるという因果関係を示しているわけではない．

　2つの変数の間に相関関係があるか否かを調べることを相関分析と呼んでいる．相関分析では大きく次の2つの分析が行われる．

　①　散布図などのグラフを用いた視覚的解析
　②　相関係数や検定手法を用いた数値的解析

■ 散布図

　相関関係の有無を視覚的に確認するためのグラフとして散布図がある．2つの変数のうち，一方の変数を横軸とし，もう一方の変数を縦軸とするグラフで，対応するデータを1点ずつプロットすることで作成する．右の散布図は数学と理科の試験の成績を散布図にした例である．

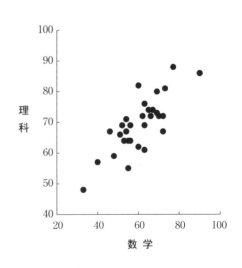

■ 散布図の見方

散布図上の点がどのように散らばっているかを見ることで，相関関係を視覚的に把握することができる．以下に代表的な例を示す．

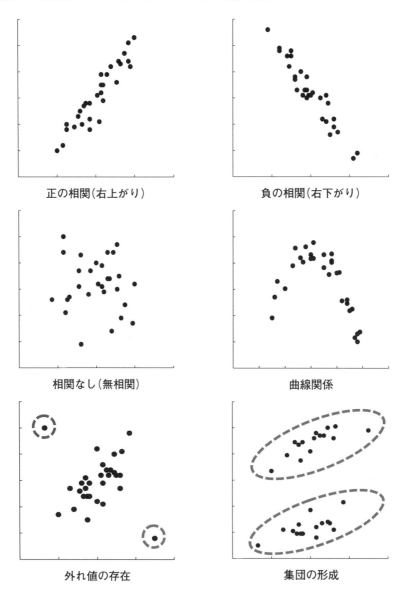

正の相関（右上がり）

負の相関（右下がり）

相関なし（無相関）

曲線関係

外れ値の存在

集団の形成

相関係数

■ 相関係数とは

2つの変数の間に相関関係があるか否かを数値的に判断するには，相関係数と呼ばれる統計量を計算して判断する．相関係数は，通常 r という記号で表され，－1から1までの値をとる．

$$-1 \leqq r \leqq 1$$

相関係数の符号は，正の相関関係があるときには＋，負の相関関係があるときには－となる．相関関係の強さは，相関係数の絶対値 $|r|$，または相関係数を2乗した値 r^2 で評価する．$|r|$ あるいは r^2 の値が1に近いほど相関関係が強いことを示している．相関関係が存在しないときには，相関係数の値は0に近い値（ちょうど0になることはまれ）になる．

■ 相関係数と散布図

相関係数 r と散布図のパターンを対応させると，次に示す図のようなイメージとなる．

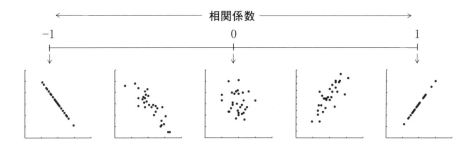

■ 相関係数の見方

相関係数 r の値から相関関係の強さを判断するための目安は次のとおりである.

$$|r| \geqq 0.7 \quad \rightarrow 強い相関あり$$
$$0.7 > |r| \geqq 0.5 \quad \rightarrow 相関あり$$
$$0.5 > |r| \geqq 0.3 \quad \rightarrow 弱い相関あり$$
$$0.5 > |r| \quad\quad\quad \rightarrow ほとんど相関なし$$

なお,上記の見方は目安であって,正確にはサンプルサイズ n との関係を考慮して,検定手法も使って判断する必要がある.

■ 相関係数の計算

2つの変数 x と y があるときに,x の偏差平方和を $S(xx)$,y の偏差平方和を $S(yy)$,x と y の偏差積和を $S(xy)$ と書くことにする.なお,サンプルサイズを n とする.

$$S(xx) = \sum_{i=1}^{n} (x_i - \overline{x})^2 = \sum_{i=1}^{n} x_i^2 - \frac{\left(\sum_{i=1}^{n} x_i\right)^2}{n}$$

$$S(yy) = \sum_{i=1}^{n} (y_i - \overline{y})^2 = \sum_{i=1}^{n} y_i^2 - \frac{\left(\sum_{i=1}^{n} y_i\right)^2}{n}$$

$$S(xy) = \sum_{i=1}^{n} (x_i - \overline{x})(y_i - \overline{y}) = \sum_{i=1}^{n} x_i y_i - \frac{\sum_{i=1}^{n} x_i \sum_{i=1}^{n} y_i}{n}$$

このとき,相関係数 r は次の式で求められる.

$$r = \frac{S(xy)}{\sqrt{S(xx) \times S(yy)}}$$

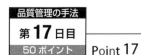
■ 例題

次のデータは，ある携帯電話機 15 機について，横の寸法 x (mm) と重量 y (g) を測定した結果である．x と y の相関係数 r を求めよ．

機番号	x	y
1	76	153
2	73	141
3	71	144
4	64	129
5	71	147
6	66	138
7	71	142
8	73	143
9	66	135
10	66	131
11	69	139
12	72	147
13	75	148
14	70	139
15	70	140

■ 計算

① 計算表の作成

次のような計算表を作成する．

機番号	x	y	x^2	y^2	xy
1	76	153	5776	23409	11628
2	73	141	5329	19881	10293
3	71	144	5041	20736	10224
4	64	129	4096	16641	8256
5	71	147	5041	21609	10437
6	66	138	4356	19044	9108
7	71	142	5041	20164	10082
8	73	143	5329	20449	10439
9	66	135	4356	18225	8910
10	66	131	4356	17161	8646
11	69	139	4761	19321	9591
12	72	147	5184	21609	10584
13	75	148	5625	21904	11100
14	70	139	4900	19321	9730
15	70	140	4900	19600	9800
合計	1053	2116	74091	299074	148828

② $S(xx)$, $S(yy)$, $S(xy)$ の計算

x の偏差平方和 $S(xx)$, y の偏差平方和 $S(yy)$, x と y の偏差積和 $S(xy)$ を計算する.

$$S(xx) = 74091 - \frac{1053^2}{15} = 170.40$$

$$S(yy) = 299074 - \frac{2116^2}{15} = 576.93$$

$$S(xy) = 148828 - \frac{1053 \times 2116}{15} = 284.80$$

③ r の計算

相関係数 r を計算する.

$$r = \frac{S(xy)}{\sqrt{S(xx) \times S(yy)}}$$
$$= \frac{284.8}{\sqrt{170.4 \times 576.93}}$$
$$= 0.908$$

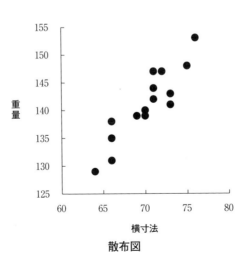

散布図

相関に関する検定と推定

■ 母相関係数の検定

母集団における相関係数，すなわち，母相関係数 ρ が 0 か否かの検定を無相関の検定という．仮説は以下のようになる．

帰無仮説 H_0：$\rho = 0$

対立仮説 H_1：$\rho \neq 0$

この検定には r 表を用いる．このときの自由度は $n-2$ となり，r 表の数値は $r(n-2, \alpha)$ と表現する．

有意水準 α における検定では，次のような規則となる．

$| r | \geq r(n-2, \alpha)$ ならば H_0 を棄却する

$| r | < r(n-2, \alpha)$ ならば H_0 を棄却しない

【例1】 $n = 20$，$r = 0.631$，有意水準 $\alpha = 0.05$ のとき

$| r | = 0.631 > r(18, 0.05) = 0.4438$

したがって，H_0 を棄却する．（有意水準 5 ％）

【例2】 $n = 40$，$r = 0.234$，有意水準 $\alpha = 0.05$ のとき

$| r | = 0.234 < r(35, 0.05) = 0.3246$

したがって，H_0 を棄却しない．（有意水準 5 ％）

(注 1) 該当する自由度が数値表にないときには，次のように判断する．

$| r | \geq r($該当する自由度より大きな自由度$, \alpha)$ ならば H_0 を棄却する

$| r | < r($該当する自由度より小さな自由度$, \alpha)$ ならば H_0 を棄却しない

(注 2) 次の t_0 が自由度 $n-2$ の t 分布に従うことを用いて，t 表による検定を行うこともできる．

$$t_0 = \frac{r\sqrt{n-2}}{\sqrt{1-r^2}}$$

母相関係数の区間推定

母相関係数 ρ の信頼率 $1 - \alpha$ の区間推定は次のような手順で行う.

手順1 相関係数 r を計算する.

手順2 r を z 変換する.

$$z = \tanh^{-1} r = \frac{1}{2} \ln \frac{1 + r}{1 - r}$$

手順3 z 変換後の下限 ζ_L と上限 ζ_U を求める.

$$\zeta_L = z - \frac{u(\alpha)}{\sqrt{n-3}} \qquad \zeta_U = z + \frac{u(\alpha)}{\sqrt{n-3}}$$

手順4 逆変換により下限 ρ_L と上限 ρ_U を求める.

$$\rho_L = \frac{e^{2\zeta_L} - 1}{e^{2\zeta_L} + 1} \qquad \rho_U = \frac{e^{2\zeta_U} - 1}{e^{2\zeta_U} + 1}$$

【**例**】 $n = 20$, $r = 0.631$ のときの母相関係数 ρ の 95%信頼区間

$$z = \frac{1}{2} \ln \frac{1 + r}{1 - r} = \frac{1}{2} \ln \frac{1 + 0.631}{1 - 0.631} = 0.743$$

$$\zeta_L = z - \frac{u(\alpha)}{\sqrt{n-3}} = 0.743 - \frac{1.96}{\sqrt{20-3}} = 0.267$$

$$\zeta_U = z + \frac{u(\alpha)}{\sqrt{n-3}} = 0.743 + \frac{1.96}{\sqrt{20-3}} = 1.218$$

$$\rho_L = \frac{e^{2\zeta_L} - 1}{e^{2\zeta_L} + 1} = \frac{e^{2 \times 0.267} - 1}{e^{2 \times 0.267} + 1} = 0.261$$

$$\rho_U = \frac{e^{2\zeta_U} - 1}{e^{2\zeta_U} + 1} = \frac{e^{2 \times 1.218} - 1}{e^{2 \times 1.218} + 1} = 0.839$$

$$0.261 \leqq \rho \leqq 0.839$$

■ 散布図を用いた簡易検定

次のように散布図が得られているものとする. $n = 14$ である.

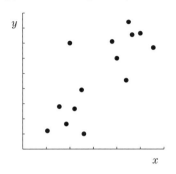

横軸 x で点を左右に半分に分ける x のメディアン線 $\tilde{x}$ と，縦軸 y で点を上下に半分に分ける y のメディアン線 $\tilde{y}$ を描き入れる.

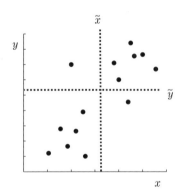

2本のメディアン線で区切られた4つの領域を右上から左回りに第1象限，第2象限，第3象限，第4象限とするとき，各象限における点の数を数える.

第1象限の数 $n_1 = 6$　　　第2象限の数 $n_2 = 1$

第3象限の数 $n_3 = 6$　　　第4象限の数 $n_4 = 1$

（注）　線上の点は数えない. このときデータはなかったものとする.

これにもとづき，互いの対角領域の点の数を数える.

$n_1 + n_3 = n_+ = 12$　　　$n_2 + n_4 = n_- = 2$

n_+ と n_- の小さいほうの値と，符号検定表における $N = n_+ + n_- = 14$

のときの0.05の値 c を比較して,小さいほうの値が c 以下のときに有意(相関がある)と判断する.

　(注)　$N = 14$ のとき $c = 2$

　このような検定を符号検定という.符号検定は + と − の符号の数が現れる確率が 50:50 と考えられるか否かを検定するときに用いられる.

■ 折れ線グラフを用いた大波・小波の検定

　次のように折れ線グラフが得られているものとする.

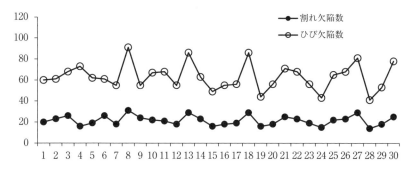

　割れ欠陥数とひび欠陥数に相関があるといえるかを検定する方法を紹介する.

【大波の検定】

　割れ欠陥数のメディアンを示す線とひび欠陥数のメディアンを示す線(点線)を記入すると次のようになる.

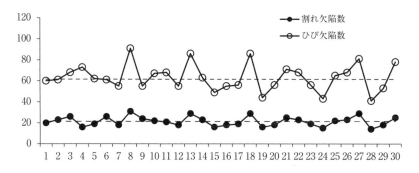

割れ欠陥を x, ひび欠陥を y として, メディアンより上ならば＋, 下ならば－と表示する.

	1	2	3	4	5	6	7	8	9	10	11	12	13	14	15	16	17	18	19	20	21	22	23	24	25	26	27	28	29	30
x	−	+	+	−	+	−	+	+	+	−	−	+	+	−	−	+	−	−	+	+	−	−	+	+	+	−	−	+		+
y	−	−	+	+	+	−	+	−	+	+	−	+	+	−	−	+	−	−	+	+	+	−	−	+	+	+	−	−		+

ここで, xy を考えて, x と y が同じ符号のときは＋, 異なる符号のときは－と表現すると, 次のような表が作成できる.

（注） ここでの xy は $x \times y$ であることに注意してほしい.

	1	2	3	4	5	6	7	8	9	10	11	12	13	14	15	16	17	18	19	20	21	22	23	24	25	26	27	28	29	30
x	−	+	+	−	+	−	+	+	+	−	−	+	+	−	−	+	−	−	+	+	−	−	+	+	+	−	−	+		+
y	−	−	+	+	+	−	+	−	+	+	−	+	+	−	−	+	−	−	+	+	+	−	−	+	+	+	−	−		+
xy の符号	+	−	+	−	−	−	+	−	+	−	+	+	+	+	+	+	+	+	+	+	−	+	+	+	+	+	+	+	+	+

正の相関があるときには, xy の符号は＋が多くなり, 負の相関があるときには, xy の符号は－が多くなるはずである. また, 相関がなければ, ＋の数と－の数はほぼ同数になると考えられる. そこで, ＋の数 n_+ と－の数 n_- を数えて, 符号検定を行うことにより, 相関があるか否かの検定を行うことができる.

この例では $n_+ = 24$, $n_- = 6$ となる. n_+ と n_- の小さいほうの値と, $N = 30$ のときの 0.05 の値 c を比較して, 小さいほうの値が c 以下のときに有意（相関がある）と判断する.

（注） $N = 30$ のとき $c = 9$

【小波の検定】

割れ欠陥を x, ひび欠陥を y として, 前日よりも増えていれば＋, 減っていれば－とする. これは変化に注目して, 同じ動きをしているか否かを見るためである.

	1	2	3	4	5	6	7	8	9	10	11	12	13	14	15	16	17	18	19	20	21	22	23	24	25	26	27	28	29	30
x		+	+	−	+	+	−	+	−	−	−	−	+	−	−	+	+	+	−	+	+	−	−	−	+	+	+	−	+	+
y		+	+	+	−	−	−	+	−	+	+	−	+	−	−	+	+	+	−	+	+	−	−	−	+	+	+	−	+	+

　ここで，xy を考えて，x と y が同じ符号のときは＋，異なる符号のときは−と表現すると，次のような表が作成できる.

	1	2	3	4	5	6	7	8	9	10	11	12	13	14	15	16	17	18	19	20	21	22	23	24	25	26	27	28	29	30
x		+	+	−	+	+	−	+	−	−	−	−	+	−	−	+	+	+	−	+	+	−	−	−	+	+	+	−	+	+
y		+	+	+	−	−	−	+	−	+	+	−	+	−	−	+	+	+	−	+	+	−	−	−	+	+	+	−	+	+
xy の符号		+	+	−	−	−	+	+	+	−	−	+	+	+	+	+	+	+	+	+	+	+	+	+	+	+	+	+	+	+

　正の相関があるときには，xy の符号は＋が多くなり，負の相関があるときには，xy の符号は−が多くなるはずである. また，相関がなければ，＋の数と−の数はほぼ同数になると考えられる. そこで，＋の数 n_+ と−の数 n_- を数えて，符号検定を行うことにより，相関があるか否かの検定を行うことができる.

　この例では $n_+ = 24$，$n_- = 5$ となる. n_+ と n_- の小さいほうの値と，$N = 29$ のときの 0.05 の値 c を比較して，小さいほうの値が c 以下のときに有意（相関がある）と判断する.

　（注）　$N = 29$ のとき $c = 9$

5

第 5 章

回帰分析

単回帰分析

■ 回帰分析

回帰分析には，単回帰分析，重回帰分析，多項式回帰などがある．

単回帰分析では，2つの変数 x と y のデータに，

$$y = a + bx$$

なる1次式（直線）を当てはめることを考える．この式を回帰式という．回帰式を求める問題は，直線回帰の問題と呼ばれる．この1次式は x から y を予測しようとしていることになるが，予測される y のことを目的変数，予測するのに使う x のことを説明変数と呼んでいる．また，a を定数項あるいは切片，b を回帰係数と呼んでいる．

重回帰分析は説明変数が2つ以上になる場合の回帰分析である．

多項式回帰は x と y の関係が1次式ではなく，2次以上になるような場合の回帰分析であり，

$$y = a + bx + cx^2$$

というような式を考える．これは曲線回帰とも呼ばれている．

■ 最小二乗法

2つの変数 x と y のデータに，

$$y = a + bx$$

なる回帰式が仮に得られたとする．

このとき，x のある値 x_i における y の母平均の推定値は

$$y_i = a + bx_i$$

となる．ここで，散布図上の点 (x_i, y_i) について，縦軸の値である y_i と $(a + bx_i)$ との差 $y_i - (a + bx_i)$ を考える．これを残差という．

$$残差 = y_i - (a + bx_i)$$

すべての点について，残差が小さい式が望ましいことになる．

残差は＋と－からなるので，散布図上のすべての点について，残差を2乗して，その値を合計する．それを Q としよう．

いま,

$$Q = 残差 ^2 の合計 = \sum_{i=1}^{n} e_i^2 = \sum_{i=1}^{n} \{y_i - (a + bx_i)\}^2$$

が最小となるように a と b を決めれば, x_i からを予測するのに全体的に最も残差の小さな回帰式を求めることができる.

以上のような考え方を最小二乗法という.

x から y を予測するための回帰式 $y = a + bx$ を, x に対する y の回帰式という.

y から x を予測するための回帰式 $x = c + dy$ は, y に対する x の回帰式という.

(x に対する y の回帰式)と, (y に対する x の回帰式)を $y = -\dfrac{c}{d} + \dfrac{1}{d} x$

と直した式は一致するとは限らないことに注意されたい.

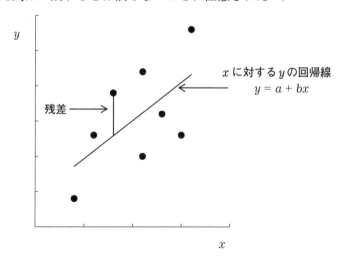

回帰線は点 $(\overline{x}, \overline{y})$ を必ず通るということに注意されたい.

回帰式の求め方

■ 切片 a と回帰係数 b の計算

回帰式 $y = a + bx$ における切片 a と回帰係数 b は，次の式で計算することができる．

$$b = \frac{S_{xy}}{S_{xx}}$$

$$a = \overline{y} - b\overline{x}$$

■ 例題

ある製品の強度 y と，製造工程における熱処理時間 x のデータを用いて，x に対する y の回帰式（x で y を予測する回帰式）を求めよう．

データは次のとおりである．また，計算用の表もつけておく．

$(n = 20)$

機番号	x	y	x^2	y^2	xy
1	19	44	361	1936	836
2	25	57	625	3249	1425
3	18	43	324	1849	774
4	22	64	484	4096	1408
5	20	50	400	2500	1000
6	12	31	144	961	372
7	15	32	225	1024	480
8	15	41	225	1681	615
9	13	36	169	1296	468
10	18	47	324	2209	846
11	15	46	225	2116	690
12	21	45	441	2025	945
13	20	40	400	1600	800
14	25	51	625	2601	1275
15	26	59	676	3481	1534
16	24	57	576	3249	1368
17	18	51	324	2601	918
18	25	65	625	4225	1625
19	19	41	361	1681	779
20	24	58	576	3364	1392
合計	394	958	8110	47744	19550

■ 計算

① $\overline{x}$ と $\overline{y}$ の計算

x の平均値 $\overline{x}$, y の平均値 $\overline{y}$ を計算する.

$$\overline{x} = \frac{394}{20} = 19.7$$

$$\overline{y} = \frac{958}{20} = 47.9$$

② $S(xx)$ と $S(xy)$ の計算

x の偏差平方和 $S(xx)$ と x と y の偏差積和 $S(xy)$ を計算する.

$$S(xx) = 8110 - \frac{394^2}{20} = 348.2$$

$$S(xy) = 19550 - \frac{394 \times 958}{20} = 677.4$$

③ a と b の計算

$$b = \frac{S(xy)}{S(xx)} = \frac{677.4}{348.2} = 1.9454$$

$$a = \overline{y} - b\overline{x} = 47.9 - 1.945 \times 19.7 = 9.5756$$

x に対する y の回帰式は

$$y = 9.5756 + 1.9454x$$

となる.

寄与率と残差の標準偏差

■ 寄与率

回帰式が予測の役に立つ式か否かを見るための統計量として，寄与率がある．寄与率は次の2通りの式で計算でき，この2通りの計算結果は一致する．

$$寄与率 = 相関係数の2乗 = r^2$$

$$寄与率 = \frac{S_R}{S(yy)}$$

ここで，$S_R = \frac{S(xy)^2}{S(xx)}$

先の例題で寄与率を計算すると，次のような結果になる．

$$S(xx) = 8110 - \frac{394^2}{20} = 348.2$$

$$S(yy) = 47744 - \frac{958^2}{20} = 1855.8$$

$$S(xy) = 19550 - \frac{394 \times 958}{20} = 677.4$$

$$S_R = \frac{S(xy)^2}{S(xx)} = \frac{677.4^2}{348.2} = 1317.837$$

$$r = \frac{S(xy)}{\sqrt{S(xx)\,S(yy)}} = \frac{677.4}{\sqrt{348.2 \times 1855.8}} = 0.8427$$

より

$$寄与率 = r^2 = 0.8427^2 = 0.7101$$

$$寄与率 = \frac{S_R}{S(yy)} = \frac{1317.837}{1855.8} = 0.7101$$

寄与率は0以上1以下の値となり，y の変動のなかで回帰式により説明できる変動の割合を示している．1に近いほど良い式であると考えられる．

■ 回帰に関する検定

回帰式に意味があるか否かを検定するには回帰に関する分散分析表を作成することになる．分散分析表は次のようになる．

（注）　分散分析表の詳細は**第7章**で解説する．

回帰に関する分散分析表

要因	平方和	自由度	分散	分散比	限界値
回帰	S_R	ϕ_R	V_R	V_R/V_E	$F(\phi_R, \phi_E ; 0.05)$
残差	S_E	ϕ_E	V_E		
合計	S_T	ϕ_T			

先の例題では，

$$S_R = \frac{S(xy)^2}{S(xx)} = \frac{677.4^2}{348.2} = 1317.837$$

$$S_T = S(yy) = 47744 - \frac{958^2}{20} = 1855.8$$

$$S_E = S_T - S_R = 1855.8 - 1317.837 = 537.963$$

$\phi_R = 1$ 　（説明変数の数となるから，単回帰分析のときは常に1）

$\phi_T = n - 1 = 20 - 1 = 19$

$\phi_E = \phi_T - \phi_R = 19 - 1 = 18$

$$V_R = \frac{S_R}{\phi_R} = \frac{1317.837}{1} = 1317.837$$

$$V_E = \frac{S_E}{\phi_E} = \frac{537.963}{18} = 29.887$$

$$分散比 = \frac{V_R}{V_E} = 44.094$$

$$F(\phi_R, \phi_E ; 0.05) = F(1, 18 ; 0.05) = 4.41$$

以上の結果を回帰に関する分散分析表に整理する．

回帰に関する分散分析表

要因	平方和	自由度	分散	分散比	限界値
回帰	1317.837	1	1317.837	44.094	4.41
残差	537.963	18	29.887		
合計	1855.558	19			

$$分散比 = \frac{V_R}{V_E} = 44.094 > F(\phi_R, \phi_E ; 0.05) = F(1, 18 ; 0.05) = 4.41$$

なので，有意である．回帰式には意味があるといえる．

残差の標準偏差

回帰式による予測精度を検討するには，残差の標準偏差を計算するとよい．残差の標準偏差が 0 であるとき，その回帰式により，y の値を完全に予測できることを示しており，残差の標準偏差が小さいほど予測精度の良い回帰式であることを示している．

残差の分布

回帰分析の理論は，残差が正規分布に従っていることを前提としているので，残差の分布を吟味することは，回帰分析における重要な作業となる．このためには，残差のヒストグラムや正規確率プロットが有効である．

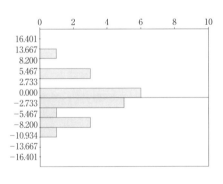

残差のヒストグラム

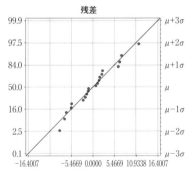

残差の正規確率プロット

残差をデータの測定時間順に並べて折れ線グラフで表現すると，残差が時間でどのように変化しているかを見ることができる．残差の系列がランダムに変化しているか否かを見るための統計量として，ダービン・ワトソン比 d がある．

$$d = \frac{\displaystyle\sum_{i=1}^{n-1}(e_{i+1}-e_i)^2}{\displaystyle\sum_{i=1}^{n}e_i^2} = \frac{\displaystyle\sum_{i=1}^{n-1}(e_{i+1}-e_i)^2}{S_e}$$

と定義される．d は

$$0 < d < 4$$

の範囲内の値になり，残差の系列がランダムに変化しているときには，2 に近い値となる．

■ 単回帰モデル

目的変数(特性値)y の変動が x を説明変数として，

$$y = \beta_0 + \beta_1 x + \varepsilon$$

と表現できるモデルを単回帰モデルという．

ε は観測不能な確率変数で，y の変動のうち x で説明できない部分を表していて，誤差と呼ばれる．

誤差には次の4つの仮定がおかれている．

① **不偏性**：期待値は0である　　　　　　　$E(\varepsilon) = 0$
② **等分散性**：分散は一定である　　　　　　$V(\varepsilon) = \sigma_\varepsilon^2$
③ **独立性**：誤差は互いに無相関である
④ **正規性**：誤差は正規分布に従う

第6章

実験計画法

実験計画法の基本

■ 実験計画法

実験計画法は次の 2 つの方法論に分けることができる.

① 実験データの収集方法

② 実験データの解析方法

実験データの収集方法では, どのような実験を計画して実施すれば, 所望の解析結果を最小の実験回数で得ることができるかを考える. 一方, 実験のデータの解析方法では, 実験で収集したデータをどのよう統計的に解析すればよいかを考える.

さて, 収集方法と解析方法は無関係ではなく収集方法が決まると, 解析方法も自動的に決まるといってもよいほど, この 2 つは密接に関係しているので, 解析方法だけを身につけても, 実務で役に立つものではない.

■ 分散分析

実験計画法において, 実験データの解析方法として中心的な役割を果たす手法が分散分析である. 分散分析とは, 2 つ以上の平均値に差があるか否かを判定するための検定手法である. 分散という名前がついているが, 分散の違いを議論するのではなく, 平均値の違いを議論するものであるということに注意してもらいたい.

■ 実験の 3 原則

実験を実施するときに守らなくてはならない 3 つの原則がある. この原則はフィッシャーの 3 原則とも呼ばれている.

① 無作為化の原則

② 繰り返しの原則

③ 局所管理の原則

■ 無作為化

無作為化には

① 実験順序の無作為化

② 割り付けの無作為化

がある.

いま, 2種類のチーズAとBがあり, どちらのチーズが好まれるかを決めるための実験を考えることにする. チーズを試食する人を10人集めてきたときに, 2つの実験方法が考えられる. 一つは, 10人が全員AとBの両方を試食するという方法である. このときに, 全員がAを先に食べて, Bを後から食べるという実験をすると, Aのほうが好ましいという結果が出たときに, チーズの差によるものなのか, 先に食べたから美味しいと感じたのかわからなくなってしまう. したがって, このようなときには, Aを先に食べるか, Bを先に食べるかという実験の順序を無作為に決める必要がある. これが実験順序の無作為化である. もう一つの実験方法は, 5人ずつの2つのグループに分けて, 一方のグループにはAを, 残りのグループにはBを試食してもらうという方法である. このときには, 一方のグループにだけ, 年齢が高い人が集まる, 甘い物が好きな人が集まる, チーズが嫌いな人が集まるなど, 特定の人が集まらないようにする必要がある. このためには, くじ引きや乱数を使って, 無作為に10人を2つのグループに分けなければならない. これが割り付けの無作為化である.

■ 繰り返し

繰り返しの原則(反復の原則ともいう)とは, 同じ条件で2回以上の実験を繰り返して実施せよということである. これにより, 誤差による変動の大きさを評価することが可能になる. 1回の実験結果では, 偶然の誤差によって生じた結果なのか, 意味のある結果なのかを区別することができない. なお, 繰り返されたデータの平均値を用いることにより, 母平均の推定精度が向上する.

■ 局所管理

　局所管理とは，実験の精度を向上させるために，実験の場をできる限り均一に保つことである．このためには，実験の場を時間的，空間的に小さな塊(ブロックと呼ぶ)に区切って実験を実施する．

■ 実験計画法の用語

実験計画法の世界で使われる用語を説明する．

① **因子**

　特性値に及ぼす影響を知るために，実験時に意図的に変化させる実験条件を因子という．

② **水準**

　因子を量的または質的に変えるときの条件(状態)を水準と呼ぶ．例えば，熱処理温度を因子として実験を行うとき，実験条件に設定する50℃，70℃というような値が水準である．また，材料の種類を因子として実験を行うならば，それぞれの種類が水準である．

③ **主効果**

　1つの因子の水準の平均的な効果を主効果と呼ぶ．

④ **交互作用**

　1つの因子の水準の効果が，別の因子の水準によって変わるときに，因子間には交互作用があるといい，変わる程度の大きさを表す量を交互作用効果という．主効果と交互作用効果を総称して，要因効果という．

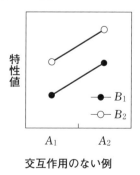

交互作用のない例

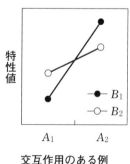

交互作用のある例

■ 実験の型

いま，2つの因子 A と B を取り上げる実験を考える．A の水準数を 3，B の水準数を 4 とすると，以下に示すように，A と B を組み合わせた 12 通りの実験条件が考えられる．

	B_1	B_2	B_3	B_4
A_1	①	④	⑦	⑩
A_2	②	⑤	⑧	⑪
A_3	③	⑥	⑨	⑫

このとき，2つの因子の水準すべての組合せについて実験する方法を要因配置法という．

これに対して，実験を効率的に進めるために，組合せの一部についてのみ実験する方法を一部実施法という．一部実施法の計画には直交配列表が使われる．一般に，因子の数が多い（4つ以上）ときには，実験回数が多くなるので，できるだけ少ない実験回数で必要な情報だけを取り出す方法である一部実施法が用いられる．

因子の種類

■ 母数因子と変量因子

　水準の効果に再現性のある因子を母数因子と呼び，水準の効果に再現性のない因子を変量因子と呼んでいる．熱処理時間といった因子は，水準の効果に再現性があるので母数因子であり，多数の被験者から無作為に選んだ被験者や実験日といった因子は水準の効果に再現性がないので変量因子である．

■ 制御因子と標示因子

　母数因子は制御因子と標示因子に分けられる．制御因子とは，水準を指定することができ，実験の場以外でも選択できる因子で，実験によって最適な水準を見つけることを目的として取り上げる．

　標示因子とは，水準の指定をすることはできるが，実験の場以外では選択することができない因子で，最適な水準を見つけることを目的とするのではなく，制御因子との交互作用を見つけることを目的として取り上げる因子である．

　いま，2つの因子 A と B（どちらも 2 水準とする）を取り上げる実験を想定する．A と B がともに制御因子の場合，A_1B_1，A_1B_2，A_2B_1，A_2B_2 のなかで，どの条件が最も優れているかを見つけることが実験の目的となる．これに対して，A が制御因子，B が標示因子であった場合，B_1 と B_2 のどちらが優れているかという興味はもたず，B_1 のときには，A_1 と A_2 のどちらが優れているか，B_2 のときには，A_1 と A_2 のどちらが優れているかを見つけることが解析の目的となる．結論の書き方としては，A が制御因子，B も制御因子のときには，「A_2B_1 が最適である」という述べ方になり，A が制御因子，B が標示因子のときには，「B_1 のときは A_2 が最適であり，B_2 のときは A_1 が最適である」という述べ方になる．

■ ブロック因子と集団因子

変量因子は，ブロック因子と集団因子に分けられる．実験の場を分割して，実験の精度を良くする（誤差を小さくする）目的で取り上げる因子をブロック因子という．分割された実験の場はブロックと呼ばれる．被験者，作業者，実験日，地域などをブロック因子とする実験が多く見られる．

一方，ほぼ無限に考えられる水準のなかから無作為に選んだ水準で実験を行い，ばらつきの大きさを推定することが目的となる因子を集団因子という．

■ 誤差因子

製品の使用環境や劣化状態など，実験の場では水準設定が可能であっても，実際の使用場面では，制御できない因子を誤差因子という．

■ 計量因子と計数因子

温度や時間のように因子の水準を数量で表すことができる因子を計量因子，材料の種類や被験者のように因子の水準を数量で表すことができない因子を計数因子という．計量因子の場合には，分散分析後の解析として回帰分析が有用な手法となる．回帰分析を用いることにより，因子の水準と測定値の関係を回帰式で表現することができる．

■ 因子の数と実験の型

要因配置実験において，実験で取り上げる因子の数が1つの場合を一元配置実験，2つの場合を二元配置実験と呼んでいる．因子が3つであれば三元配置実験，4つであれば四元配置実験と呼ぶが，因子が3つ以上の場合は多元配置実験と総称している．

二元配置実験において，一方の因子が制御因子，もう一方の因子がブロック因子の場合を乱塊法と呼んでいる．

実験の方法

■ 完全無作為化法

1つの因子を取り上げて，4水準の実験を実施することを考える．各水準で3回ずつ繰り返しを行うとすると，全部で12回の実験を行うことになる．次のようなデータ表を設計することができる．

	A_1	A_2	A_3	A_4
1	①	④	⑦	⑩
2	②	⑤	⑧	⑪
3	③	⑥	⑨	⑫

上記に示した①から⑫の12回の実験をランダムな順序で行う方法を，完全無作為化法という．一例を示すと，

$$A_2 \rightarrow A_3 \rightarrow A_4 \rightarrow A_4 \rightarrow A_1 \rightarrow A_2 \rightarrow A_3 \rightarrow A_1 \rightarrow A_2 \rightarrow A_1 \rightarrow A_4 \rightarrow A_3$$

というように実施する．実験順序を(1)から(12)で表現すると，以下のようになる．

	A_1	A_2	A_3	A_4
1	(5)	(6)	(7)	(3)
2	(10)	(1)	(2)	(11)
3	(8)	(9)	(12)	(4)

このようにランダムな順序で実験を実施するには，人の意志が入らないように，くじ引きや乱数を使うことになる．このため，極端な場合には，例えば，A_1 の3回が前半の6回までにすべて実施されてしまうこともありうる．このときは，A_1 は前半で終わり，後半は実施しないことになる．このような状況を好ましくないと考えるときには，完全無作為化法は避けたほうがよい．

■ 乱塊法

4水準の実験を各水準で3回ずつ繰り返しを行うとすると，全部で12回の実験を実施することになるが，12回を3日かけて実施することを考える．そして，どの日もA_1，A_2，A_3，A_4を実施する．ただし，1日のなかでの実験順序はランダムに行う．このようにすれば，ある水準だけが特定の実験日に集中することを避けることができる．このような実験方法を乱塊法という．このとき，実験日はブロック因子と呼ばれ，1つの因子と考えて解析することになるので，Aとブロック因子の2つの因子からなる二元配置実験の形になる．

		A_1	A_2	A_3	A_4
B_1	1日目	(3)	(4)	(1)	(2)
B_2	2日目	(1)	(3)	(2)	(4)
B_3	3日目	(2)	(1)	(4)	(3)

乱塊法は食品の味を評価するような官能評価実験でも使われる．このときは，食品を制御因子，味を評価する人をブロック因子とするのである．

	食品1	食品2	食品3	食品4	食品5
人1					
人2					
人3					
人4					
人5					
人6					

実験の解析

■ 平均値の比較

　3つの方法(A_1, A_2, A_3 とする)で製造した製品の強度を比較する実験を行ったとしよう．それぞれの方法で4個ずつ製造したところ，以下に示す表1のような実験結果が得られたものとする．

表1

	A_1	A_2	A_3
	35	43	51
	39	47	55
	43	51	59
	47	55	63
平均値	41	49	57

　表中の数値データは強度で，平均値の値は A_1 が41，A_2 が49，A_3 が57となっている．

　一方，仮に表2のような実験結果が得られたものとしよう．

表2

	A_1	A_2	A_3
	26	34	42
	36	44	52
	46	54	62
	56	64	72
平均値	41	49	57

　この場合も，平均値の値は A_1 が41，A_2 が49，A_3 が57となっている．表1と表2のどちらの結果が得られたとしても，3つの平均値の差は同じである．この実験結果をドットプロットでグラフ化すると，表1のデータは図1，表2のデータは図2のように表現される．

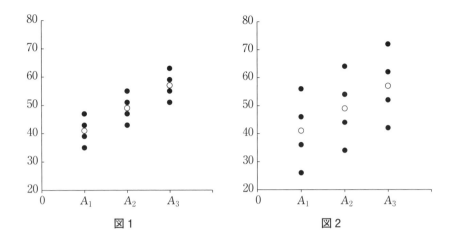

図1

図2

　このグラフの縦軸は強度で，●は原データ，○は平均値である．

　図1では，A_1, A_2, A_3の3つの平均値には顕著な差があるように見えるが，図2では，A_1, A_2, A_3の3つの平均値には顕著な差があるようには見えない．図1，図2は平均値の差は同じであるにもかかわらず，このように見方が変わるのは，ばらつき（誤差）が図1のほうが小さく，図2のほうが大きいからである．

有意な差

　平均値の差を吟味するときには，原データのばらつきを考慮して，差が誤差の範囲内にあるか否かを検討する必要がある．誤差の範囲内か否かを判定するには，先のようなグラフによる視覚的判断だけでは不十分であり，分散分析による数値的判断が必要になる．

　分散分析を実施することで，A_1，A_2，A_3の3つの平均値の差が誤差の範囲内か否かを判定することができる．誤差の範囲を超えていれば，平均値の差は有意であると判断して，A_1，A_2，A_3のそれぞれの母平均μ_1，μ_2，μ_3には差があるという結論を下すことになる．

第 7 章

分散分析

一元配置分散分析

■ 一元配置実験

　因子を A として，3 水準の実験を実施した．各水準で繰り返しを 4 回，合計 12 回の実験を行った．12 回の実験はランダムな順で行った．実験の結果，次のデータ表が得られた．

A_1	A_2	A_3
11	12	14
13	13	15
14	13	16
12	16	17

　このような実験を一元配置実験という．

■ 分散分析表

　実験データを解析するときに使われるのが分散分析と呼ばれる手法である．分散分析の結果は分散分析表として整理される．上記の実験データを解析した結果が次の分散分析表である．

分散分析表

要因	平方和	自由度	分散	分散比 F_0
A	18.667	2	9.334	4.422
誤差	19.000	9	2.111	
合計	37.667	11		

■ 分散分析表の見方

　一元配置分散分析では次のような帰無仮説 H_0 が検定される．

　　　帰無仮説 H_0：$\mu_{A_1} = \mu_{A_2} = \mu_{A_3}$

　　　（A_1，A_2，A_3 の母平均はすべて等しい）

有意か否かを検定するには, 分散比 F_0 の値と F 表の値を比較する.

分散分析表

要因	平方和	自由度	分散	分散比 F_0
A	18.667	2	9.334	4.422
誤差	19.000	9	2.111	
合計	37.667	11		

(分散比 F_0 の値)$\geqq$(F 表の値)ならば有意である.

F 表の値を求めるには, 第1自由度と第2自由度が必要になる.

全体の自由度 ϕ_T = 全データ数 -1

第1自由度 $\phi_1 = \phi_A$ =(A の水準数)$-1 = 3 - 1 = 2$

第2自由度 $\phi_2 = \phi_E = \phi_T - \phi_A = 11 - 2 = 9$

(F 表の値)$= F(\phi_1, \phi_2 ; 0.05) = F(2, 9 ; 0.05) = 4.26$

と求められる.

分散比 $F_0 = 4.422 > F(2, 9 ; 0.05) = 4.26$

より, 有意となる. したがって, A_1, A_2, A_3 の母平均に差があるといえる.

■ データの構造式

一元配置分散分析では, データ y_{ij} の構造式を次のように表現する.

$y_{ij} = \mu + \alpha_i + \varepsilon_{ij}$ $(i = 1 \sim 3, j = 1 \sim 4)$

α_i は因子 A の第 i 水準の効果, ε_{ij} は誤差

データの構造式を使うと, 帰無仮説 H_0 は以下のように表現することができる.

帰無仮説 H_0 : $\mu_{A_1} = \mu_{A_2} = \mu_{A_3}$

↓

帰無仮説 H_0 : $\alpha_1 = \alpha_2 = \alpha_3 = 0$

一元配置分散分析の計算

■ 一般的な分散分析表

一元配置実験の分散分析表を記号で表示すると次のようになる.

分散分析表

要因	平方和	自由度	分散	分散比 F_0
A	S_A	ϕ_A	V_A	V_A/V_E
誤差	S_E	ϕ_E	V_E	
合計	S_T	ϕ_T		

以下に Point 26 のデータを使って，分散分析の計算方法を示す.

■ 自由度の計算

① **全体の自由度**　$\phi_T = （全データ数） - 1 = 12 - 1 = 11$

② **因子 A の自由度**　$\phi_A = （A の水準数） - 1 = 3 - 1 = 2$

③ **誤差の自由度**　$\phi_E = \phi_T - \phi_A = 11 - 2 = 9$

■ 修正項の計算

修正項 CT を計算する.

$$CT = \frac{（合計）^2}{全データ数} = \frac{(166)^2}{12} = 2296.333$$

■ 平方和の計算

① **全体の平方和**

$$S_T = （個々のデータ）^2 の合計 - CT$$
$$= 11^2 + 13^2 + 14^2 + 12^2 + 12^2 + 13^2 + 13^2 + 16^2 + 14^2 + 15^2 + 16^2 + 17^2$$
$$- CT$$
$$= 2334 - 2296.333 = 37.667$$

② 因子 A の平方和

$$S_A = \frac{(A_1 の合計)^2}{A_1 のデータ数} + \frac{(A_2 の合計)^2}{A_2 のデータ数} + \frac{(A_3 の合計)^2}{A_3 のデータ数} - CT$$

$$= \frac{50^2}{4} + \frac{54^2}{4} + \frac{62^2}{4} - CT$$

$$= 625 + 729 + 961 - 2296.333 = 18.667$$

③ 誤差の平方和　$S_E = S_T - S_A = 37.667 - 18.667 = 19.000$

分散の計算

① 因子 A の分散　$V_A = \dfrac{S_A}{\phi_A} = \dfrac{18.667}{2} = 9.334$

② 誤差 E の分散　$V_E = \dfrac{S_E}{\phi_E} = \dfrac{19.000}{9} = 2.111$

分散比の計算

① 分散比　$F_0 = \dfrac{V_A}{V_E} = \dfrac{9.334}{2.111} = 4.422$

分散比 F_0 は F 表の値と比較されて，有意か否かを判定する．

　　(分散比 F_0 の値) ≧ (F 表の値) ならば有意である．

　　(分散比 F_0 の値) < (F 表の値) ならば有意でない．

平方和の計算の覚え方

S_A の計算は次のように覚えておくとよい．

$$S_A = (水準ごとの修正項)の合計 - (全体の修正項)$$

$$= A_1 の修正項 + A_2 の修正項 + A_3 の修正項 - (全体の修正項)$$

$$= CT_{A_1} + CT_{A_2} + CT_{A_3} - CT$$

二元配置分散分析

■ 二元配置実験

　2つの因子 A と B を取り上げる実験を考え，因子 A は3水準，因子 B は4水準の合計12回の実験を行った．12回の実験はランダムな順で行った．実験の結果，次のデータ表が得られた．

	B_1	B_2	B_3	B_4
A_1	15	14	15	14
A_2	16	15	16	13
A_3	17	16	17	17

　このような実験を二元配置実験という．なお，A と B のすべての組合せで1回ずつ実験を行っている．これは繰り返しのない二元配置実験と呼ばれている．繰り返しのない二元配置実験は，交互作用 $A \times B$（2つの因子 A と B の組合せ効果）を技術的に考える必要がないときに実施される．

■ 分散分析表

　実験データを解析した結果が次の分散分析表である．

分散分析表

要因	平方和	自由度	分散	分散比 F_0
A	11.167	2	5.583	9.571
B	4.250	3	1.417	2.429
誤差	3.500	6	0.583	
合計	18.917	11		

■ 分散分析表の見方

二元配置分散分析では次のような帰無仮説 H_0 が検定される.

① 帰無仮説 H_0：$\mu_{A_1} = \mu_{A_2} = \mu_{A_3}$

（A_1，A_2，A_3 の母平均はすべて等しい）

② 帰無仮説 H_0：$\mu_{B_1} = \mu_{B_2} = \mu_{B_3} = \mu_{B_4}$

（B_1，B_2，B_3，B_4 の母平均はすべて等しい）

有意か否かを検定するには，分散比 F_0 の値と F 表の値を比較する.

分散分析表

要因	平方和	自由度	分散	分散比 F_0
A	11.167	2	5.583	9.571
B	4.250	3	1.417	2.429
誤差	3.500	6	0.583	
合計	18.917	11		

（分散比 F_0 の値）$\geqq$（F 表の値）ならば有意である.

① A について

分散比 $F_0 = 9.571 > F(2, 6 ; 0.05) = 5.14$

より，有意となる.

したがって，A_1，A_2，A_3 の母平均に差があるといえる.

② B について

分散比 $F_0 = 2.429 < F(3, 6 ; 0.05) = 4.76$

より，有意でない.

したがって，B_1，B_2，B_3，B_4 の母平均に差があるとはいえない.

■ データの構造式

二元配置分散分析では，データ y_{ij} の構造式を次のように表現する.

$y_{ij} = \mu + \alpha_i + \beta_j + \varepsilon_{ij}$ （$i = 1 \sim 3$，$j = 1 \sim 4$）

α_i は因子 A の第 i 水準の効果　　　β_j は因子 B の第 j 水準の効果

ε_{ij} は誤差

二元配置分散分析の計算

■ 一般的な分散分析表

二元配置実験の分散分析表を記号で表示すると次のようになる.

分散分析表

要因	平方和	自由度	分散	分散比 F_0
A	S_A	ϕ_A	V_A	V_A / V_E
B	S_B	ϕ_B	V_B	V_B / V_E
誤差	S_E	ϕ_E	V_E	
合計	S_T	ϕ_T		

以下に Point 28 のデータを使って，分散分析の計算方法を示す.

■ 自由度の計算

① **全体の自由度**　　$\phi_T = (\text{全データ数}) - 1 = 12 - 1 = 11$

② **因子 A の自由度**　$\phi_A = (A \text{ の水準数}) - 1 = 3 - 1 = 2$

③ **因子 B の自由度**　$\phi_B = (B \text{ の水準数}) - 1 = 4 - 1 = 3$

④ **誤差の自由度**　　$\phi_E = \phi_T - \phi_A - \phi_B = 11 - 2 - 3 = 6$

■ 修正項の計算

修正項 CT を計算する.

$$CT = \frac{(\text{合計})^2}{\text{全データ数}} = \frac{(185)^2}{12} = 2852.083$$

■ 平方和の計算

① 全体の平方和

$$S_T = (個々のデータ)^2 の合計 - CT$$

$$= 15^2 + 16^2 + 17^2 + 14^2 + 15^2 + 16^2 + 15^2 + 16^2 + 17^2 + 14^2 + 13^2 + 17^2$$

$$- CT$$

$$= 2871 - 2852.083 = 18.917$$

② 因子 A の平方和

$$S_A = \frac{(A_1の合計)^2}{A_1のデータ数} + \frac{(A_2の合計)^2}{A_2のデータ数} + \frac{(A_3の合計)^2}{A_3のデータ数} - CT$$

$$= \frac{58^2}{4} + \frac{60^2}{4} + \frac{67^2}{4} - CT$$

$$= 841 + 900 + 1122.25 - 2852.083 = 11.167$$

③ 因子 B の平方和

$$S_B = \frac{(B_1の合計)^2}{B_1のデータ数} + \frac{(B_2の合計)^2}{B_2のデータ数} + \frac{(B_3の合計)^2}{B_3のデータ数}$$

$$+ \frac{(B_4の合計)^2}{B_4のデータ数} - CT$$

$$= \frac{48^2}{3} + \frac{45^2}{3} + \frac{48^2}{3} + \frac{44^2}{3} - CT$$

$$= 768 + 675 + 768 + 645.333 - 2852.083 = 4.250$$

④ 誤差の平方和

$$S_E = S_T - S_A - S_B = 18.917 - 11.167 - 4.250 = 3.500$$

■ 分散の計算

① 因子 A の分散　　$V_A = \dfrac{S_A}{\phi_A} = \dfrac{11.167}{2} = 5.583$

② 因子 B の分散　　$V_B = \dfrac{S_B}{\phi_B} = \dfrac{4.250}{3} = 1.417$

③ 誤差の分散　　　$V_E = \dfrac{S_E}{\phi_E} = \dfrac{3.500}{6} = 0.583$

■ 分散比の計算

① A の分散比　$F_0 = \dfrac{V_A}{V_E} = \dfrac{5.583}{0.583} = 9.571$

② B の分散比　$F_0 = \dfrac{V_B}{V_E} = \dfrac{1.417}{0.583} = 2.429$

分散比 F_0 は F 表の値と比較されて，有意か否かを判定する．

（分散比 F_0 の値）≧（F 表の値）ならば有意である．

（分散比 F_0 の値）<（F 表の値）ならば有意でない．

■ 平方和の計算の覚え方

S_A と S_B の計算は次のように覚えておくとよい．

S_A =（水準ごとの修正項）の合計 −（全体の修正項）

　　= A_1 の修正項 + A_2 の修正項 + A_3 の修正項 −（全体の修正項）

　　= $CT_{A_1} + CT_{A_2} + CT_{A_3} - CT$

S_B =（水準ごとの修正項）の合計 −（全体の修正項）

　　= B_1 の修正項 + B_2 の修正項 + B_3 の修正項 + B_4 の修正項

　　　−（全体の修正項）

　　= $CT_{B_1} + CT_{B_2} + CT_{B_3} + CT_{B_4} - CT$

一元配置のときも上記と同様であったが，この考え方を一般化しておくことにする．

いま，全データを何らかの基準で k 個に分割する．

全データ

グループごとの修正項 $CT_i (i = 1, \cdots, k)$ を以下のように計算する．

$$第1グループの修正項 CT_1 = \frac{(第1グループの合計)^2}{第1グループのデータ数}$$

$$第2グループの修正項 CT_2 = \frac{(第2グループの合計)^2}{第2グループのデータ数}$$

$$\vdots$$

$$第kグループの修正項 CT_k = \frac{(第kグループの合計)^2}{第kグループのデータ数}$$

グループごとの修正項 $CT_i(i = 1, \cdots, k)$ をすべて足して，全体の修正項を引くと，k 個に分割したことに対する平方和を求めることができる.

繰り返しのある二元配置分散分析

■ 繰り返しのある二元配置実験

2つの因子 A と B を取り上げる実験を考え，因子 A は2水準，因子 B は3水準として，同一条件で2回繰り返す実験を行った．合計12回の実験はランダムな順で行った．実験の結果，次のデータ表が得られた．

	B_1	B_2	B_3
A_1	49	47	46
	47	46	46
A_2	48	50	48
	46	52	49

このような実験を繰り返しのある二元配置実験という．

■ 分散分析表

実験データを解析した結果が次の分散分析表である．

分散分析表

要因	平方和	自由度	分散	分散比 F_0
A	12.000	1	12.000	10.286
B	5.167	2	2.583	2.214
$A \times B$	15.500	2	7.750	6.643
誤差	7.000	6	1.167	
合計	39.667	11		

■ 分散分析表の見方

繰り返しのある二元配置分散分析では次のような3つの帰無仮説 H_0 が検定される．

① 帰無仮説 H_0 : $\mu_{A_1} = \mu_{A_2}$

    (A_1, A_2 の母平均はすべて等しい)

② 帰無仮説 H_0 : $\mu_{B_1} = \mu_{B_2} = \mu_{B_3}$

    (B_1, B_2, B_3 の母平均はすべて等しい)

③ 帰無仮説 H_0 : 交互作用 $A \times B$ の効果はない

有意か否かを検定するには，分散比 F_0 の値と F 表の値を比較する．

分散分析表

要因	平方和	自由度	分散	分散比 F_0
A	12.000	1	12.000	10.286
B	5.167	2	2.583	2.214
$A \times B$	15.500	2	7.750	6.643
誤差	7.000	6	1.167	
合計	39.667	11		

(分散比 F_0 の値)≧(F 表の値)ならば有意である．

① A について

    分散比 F_0 = 10.286 > $F(1, 6 ; 0.05)$ = 5.99 より，有意である．

② B について

    分散比 F_0 = 2.214 < $F(2, 6 ; 0.05)$ = 5.14 より，有意でない．

③ $A \times B$ について

    分散比 F_0 = 6.643 > $F(2, 6 ; 0.05)$ = 5.14 より，有意である．

■ データの構造式

二元配置分散分析では，データ y_{ij} の構造式を次のように表現する．

$$y_{ij} = \mu + \alpha_i + \beta_j + (\alpha\beta)_{ij} + \varepsilon_{ijk}$$

$(i = 1 \sim 2, \ j = 1 \sim 3, \ k = 1 \sim 2)$

α_i は因子 A の第 i 水準の効果　　β_j は因子 B の第 j 水準の効果

$(\alpha\beta)_{ij}$ は交互作用

ε_{ijk} は誤差

繰り返しのある二元配置分散分析の計算

■ 一般的な分散分析表

繰り返しのある二元配置実験の分散分析表を記号で表示すると次のようになる.

分散分析表

要因	平方和	自由度	分散	分散比 F_0
A	S_A	ϕ_A	V_A	V_A/V_E
B	S_B	ϕ_B	V_B	V_B/V_E
$A \times B$	$S_{A \times B}$	$\phi_{A \times B}$	$V_{A \times B}$	$V_{A \times B}/V_E$
誤差	S_E	ϕ_E	V_E	
合計	S_T	ϕ_T		

以下に Point 30 のデータを使って, 分散分析の計算方法を示す.

■ 自由度の計算

① **全体の自由度**　$\phi_T = (\text{全データ数}) - 1 = 12 - 1 = 11$

② **因子 A の自由度**　$\phi_A = (A \text{ の水準数}) - 1 = 2 - 1 = 1$

③ **因子 B の自由度**　$\phi_B = (B \text{ の水準数}) - 1 = 3 - 1 = 2$

④ **$A \times B$ の自由度**　$\phi_{A \times B} = (A \text{ の自由度}) \times (B \text{ の自由度}) = 1 \times 2 = 2$

⑤ **誤差の自由度**　$\phi_E = \phi_T - \phi_A - \phi_B - \phi_{A \times B} = 11 - 1 - 2 - 2 = 6$

■ 修正項の計算

修正項 CT を計算する.

$$CT = \frac{(\text{合計})^2}{\text{全データ数}} = \frac{(574)^2}{12} = 27456.333$$

平方和の計算

① **全体の平方和**

$$S_T = (個々のデータ)^2 の合計 - CT$$

$$= 49^2 + 47^2 + 48^2 + 46^2 + 47^2 + 46^2 + 50^2 + 52^2 + 46^2 + 46^2 + 48^2 + 49^2$$
$$- CT$$

$$= 27496 - 27456.333 = 39.667$$

② **因子 A の平方和**

$$S_A = \frac{(A_1の合計)^2}{A_1のデータ数} + \frac{(A_2の合計)^2}{A_2のデータ数} - CT$$

$$= \frac{281^2}{6} + \frac{293^2}{6} - 27456.333$$

$$= 13160.167 + 14308.167 - 27456.333 = 12.000$$

③ **因子 B の平方和**

$$S_B = \frac{(B_1の合計)^2}{B_1のデータ数} + \frac{(B_2の合計)^2}{B_2のデータ数} + \frac{(B_3の合計)^2}{B_3のデータ数} - CT$$

$$= \frac{190^2}{4} + \frac{195^2}{4} + \frac{189^2}{4} - CT$$

$$= 9025 + 9506.25 + 8930.25 - 27456.333 = 5.167$$

④ **A × B の平方和**

(ア) 平方和 S_{AB} の計算

$$S_{AB} = \frac{(A_1B_1の合計)^2}{A_1B_1のデータ数} + \frac{(A_1B_2の合計)^2}{A_1B_2のデータ数} + \frac{(A_1B_3の合計)^2}{A_1B_3のデータ数}$$

$$+ \frac{(A_2B_1の合計)^2}{A_2B_1のデータ数} + \frac{(A_2B_2の合計)^2}{A_2B_2のデータ数} + \frac{(A_2B_3の合計)^2}{A_2B_3のデータ数}$$

$$- CT$$

$$= \frac{96^2}{2} + \frac{93^2}{2} + \frac{92^2}{2} + \frac{94^2}{2} + \frac{102^2}{2} + \frac{97^2}{2} - 27456.333$$

$$= \frac{1}{2}(9216 + 8649 + 8464 + 8836 + 10404 + 9409) - 27456.333$$

$$= 27489 - 27456.333 = 32.667$$

(イ) 平方和 $S_{A \times B}$ の計算

平方和 S_{AB} には A 単独の効果と B 単独の効果が含まれているので，これらを S_{AB} から引くことで交互作用 $A \times B$ の平方和が求められる．

$$S_{A \times B} = S_{AB} - S_A - S_B$$
$$= 32.667 - 12.000 - 5.167$$
$$= 15.500$$

⑤ 誤差の平方和 $S_E = S_T - S_{AB} = 39.667 - 32.667 = 7.000$

■ 分散の計算

① 因子 A の分散 $V_A = \dfrac{S_A}{\phi_A} = \dfrac{12.000}{1} = 12.000$

② 因子 B の分散 $V_B = \dfrac{S_B}{\phi_B} = \dfrac{5.167}{2} = 2.583$

③ $A \times B$ の分散 $V_{A \times B} = \dfrac{S_{A \times B}}{\phi_{A \times B}} = \dfrac{15.500}{2} = 7.750$

④ 誤差の分散 $V_E = \dfrac{S_E}{\phi_E} = \dfrac{7.000}{6} = 1.167$

■ 分散比の計算

① A の分散比 $F_0 = \dfrac{V_A}{V_E} = \dfrac{12.000}{1.167} = 10.286$

② B の分散比 $F_0 = \dfrac{V_B}{V_E} = \dfrac{2.583}{1.167} = 2.214$

③ $A \times B$ の分散比 $F_0 = \dfrac{V_{A \times B}}{V_E} = \dfrac{7.750}{1.167} = 6.643$

分散比 F_0 を F 表の値と比較して，有意か否かを判定する．

（分散比 F_0 の値）≧（F 表の値）ならば有意である．

（分散比 F_0 の値）＜（F 表の値）ならば有意でない．

第 **8** 章

抜取検査

ポイント32	ポイント33	ポイント34
第**32**日目	第**33**日目	第**34**日目
抜取検査の種類	OC 曲線	規準型抜取検査

抜取検査の種類

■ 検査

　製品の品質がねらいどおりに確保されているか否かを確認するのが検査の役割で，検査とは「品物またはサービスの1つ以上の特性値に対して，測定，試験，検定，ゲージ合わせなどを行って，規定要求事項と比較して，適合しているかどうかを判定する活動」とされている．検査は，製品の一つひとつに対して適合しているか否かを判定する場合と，製品の集まり（ロット）に対して適合しているか否かを判定する場合がある．

　検査は，すべての製品を調べるか，一部の製品だけを調べるかによって，次の2種類に分けることができる．

　　① 全数検査

　　② 抜取検査

すべての製品を調べる方式が全数検査で，一部の製品だけを抽出して調べる方式が抜取検査である．抜き取られた製品の集まりをサンプルという．

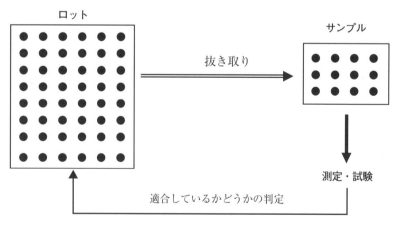

抜取検査の概念

■ 抜取検査の種類

抜取検査は次の3種類に大別される.

① 規準型抜取検査 　② 選別型抜取検査 　③ 調整型抜取検査

売り手(生産者)と買い手(消費者)の両者を保護する立場で設計された検査方式を規準型抜取検査,不合格と判定されたロットは全数の選別を行うように設計された検査方式を選別型抜取検査,提出された製品の品質レベルによって,「きつい検査」,「なみ検査」,「ゆるい検査」を使い分ける検査方式を調整型抜取検査という.

■ 判定方法による検査の分類

抜取検査は合否の判定方法によっても,次の2種類に分けられる.

① 計数抜取検査 　② 計量抜取検査

製品を良品(適合品)と不良品(不適合品)に分け,不良品となった品物の数によって,ロットの合否を判定する検査を計数抜取検査という. 一方,長さや重さなどの測定値の平均値によって,ロットの合否を判定する方法を計量抜取検査という.

■ 計数一回抜取検査

ロットからサンプルを1回抜き取り,そのサンプルを何らかの方法で測定あるいは試験して,良品と不良品に分け,サンプル中の不良品の数により,ロットの合格・不合格を判定する検査方式を計数一回抜取検査という. このとき,ロットの合格・不合格を判定するための基準のことを合格判定個数といい,記号 c で表す.

「ロットの大きさ $N = 5000$,サンプルの大きさ $n = 30$,

合格判定個数 $c = 2$」

と表現した場合,5000個の品物のなかから30個の品物を抜き取り,その30個中の不良品の数が2個以下ならば,5000個の品物で構成されたロットは合格,不良品の数が3個以上ならばロットは不合格という検査方式であることを表している.

OC 曲線

■ ロットの合格する確率

不良率 $p = 10\%$ のロットが提出された場合に,

サンプルの大きさ $n = 20$, 合格判定個数 $c = 2$

の抜取検査方式で検査を実施するものとしよう. このときに, 提出された
ロットが合格となる確率 $L(p)$ は次の計算により求めることができる.

$L(p) = L(0.1)$

$= \quad$（不良品が 0 個である確率）

$+$（不良品が 1 個である確率）

$+$（不良品が 2 個である確率）

$L(p)$ は N が n よりも十分に大きい $(N/n \geq 10)$ とき, 二項分布の式を
使って次のように計算することができる.

$L(p) = L(0.1)$

$= {}_nC_0\, p^0(1-p)^n \quad + {}_nC_1\, p^1(1-p)^{n-1} \quad + {}_nC_2\, p^2(1-p)^{n-2}$

$= {}_{20}C_0 \times 0.1^0 \times 0.9^{20} \quad + {}_{20}C_1 \times 0.1^1 \times 0.9^{19} \quad + {}_{20}C_2 \times 0.1^2 \times 0.9^{18}$

$= 1 \times 0.1^0 \times 0.9^{20} \quad + {}_{20}C_1 \times 0.1^1 \times 0.9^{19} \quad + {}_{20}C_2 \times 0.1^2 \times 0.9^{18}$

$= 1 \times 1 \times 0.122 \quad + 20 \times 0.1 \times 0.135 \quad + 190 \times 0.01 \times 0.150$

$= 0.122 \quad\quad\quad\quad + 0.270 \quad\quad\quad\quad + 0.285$

$= 0.677$

不良率 $p = 10\%$ のロットが合格する確率 $L(0.1)$ は約 68% となる.

■ OC 曲線と検査の特性

サンプルの大きさ n と合格判定個数 c を決めておいて, 横軸にロット
の不良率, 縦軸にロットの合格する確率をとったグラフを作成すると, 一
本の曲線が得られる. この曲線のことを OC 曲線（検査特性曲線）と呼ぶ.

OC 曲線によって, どの程度の不良率のロットが, どのくらいの確率で
合格するかを検討することができる.

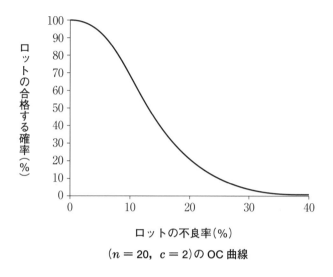

($n = 20$, $c = 2$)の OC 曲線

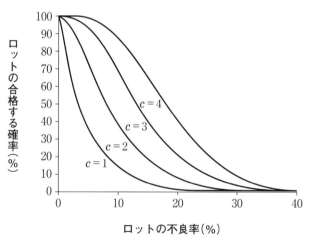

$n = 20$ のときの c の違いによる曲線の変化

c の値が小さいほど，同じ不良率の値でも合格する確率が下がることがわかる．すなわち，厳しい検査になっている．

規準型抜取検査

■ 計数規準型一回抜取検査

　規準型抜取検査は，売り手と買い手の両者に対して保護の規定を設定して，両者の要求を満足するように設計された抜取検査方式である．売り手に対する保護とは，品質の良いロットが不合格となる確率 α を小さな値に設定することである．また，買い手に対する保護とは，品質の悪いロットが合格となる確率 β を小さな値に設定することである．α のことを生産者危険，β のことを消費者危険という．

　計数規準型抜取検査は，品質の良いロットの不良率を p_0，品質の悪いロットの不良率を p_1 としたとき，α と β の値を定めておいて，n と c を決定しようというものである．

■ JIS Z 9002

　JIS Z 9002 計数規準型一回抜取検査表を用いると，p_0 と p_1 の値から n

p_0 (%) ＼ p_1 (%)	0.71~0.90	0.91~1.12	1.13~1.40	1.41~1.80	1.81~2.24	2.25~2.80	2.81~3.55	3.56~4.50	4.51~5.60	5.61~7.10	7.11~9.00	9.01~11.2	11.3~14.0	14.1~18.0	18.1~22.4	22.5~28.0	28.1~35.5
0.090 ~ 0.112	*	400 1	↓	←	↓	→	60 0	50 0	←	↓	↓	←	↓	↓	↓	↓	↓
0.113 ~ 0.140	*	↓	300 1	↓	←	↓	→	↑	40 0	←	↓	↓	←	↓	↓	↓	↓
0.141 ~ 0.180	*	500 2	↓	250 1	↓	←	↓	→	↑	30 0	←	↓	←	↓	↓	↓	↓
0.181 ~ 0.224	*	*	400 2	↓	200 1	↓	←	↓	→	↓	25 0	←	↓	↓	←	↓	↓
0.225 ~ 0.280	*	*	500 3	300 2	↓	150 1	↓	←	↓	→	↑	20 0	←	↓	↓	↓	↓
0.281 ~ 0.355	*	*	*	400 3	250 2	↓	120 1	↓	←	↓	→	↑	15 0	←	↓	↓	←
0.356 ~ 0.450	*	*	*	500 4	300 3	200 2	↓	100 1	↓	←	↓	→	↑	15 0	←	↓	↓
0.451 ~ 0.560	*	*	*	*	400 4	250 3	150 2	↓	80 1	↓	←	↓	↑	10 0	←	↓	
0.561 ~ 0.710	*	*	*	*	500 6	300 4	200 3	120 2	↓	60 1	↓	←	↓	↑	7 0	↓	
0.711 ~ 0.900	*	*	*	*	*	400 6	250 4	150 3	100 2	↓	50 1	↓	←	→	↑	5 0	
0.901 ~ 1.12	*	*	*	*	*	*	300 6	200 4	120 3	80 2	↓	40 1	↓	←	↓	↑	↑
1.13 ~ 1.40			*	*	*	*	500 10	250 6	150 4	100 3	60 2	↓	30 1	↓	←	↓	↑
1.41 ~ 1.80				*	*	*	*	400 10	200 6	120 4	80 3	50 2	↓	25 1	↓	←	↑
1.81 ~ 2.24					*	*	*	300 10	150 6	100 4	60 3	40 2	↓	20 1	↓	←	
2.25 ~ 2.80						*	*	*	250 10	120 6	70 4	50 3	30 2	↓	15 1		
2.81 ~ 3.55							*	*	*	200 10	100 6	60 4	40 3	25 2	↓	10 1	
3.56 ~ 4.50								*	*	*	150 10	80 6	50 4	30 3	20 2	↓	
4.51 ~ 5.60									*	*	*	120 10	60 6	40 4	25 3	15 2	
5.61 ~ 7.10										*	*	*	100 10	60 6	40 4	20 3	
7.11 ~ 9.00											*	*	*	70 10	40 6	25 4	
9.01 ~ 11.2												*	*	*	60 10	30 6	

　出典）　JIS Z 9002：1956, p.4, 表 1.

と c を決定することができる．JIS Z 9002 では，$\alpha = 0.05$，$\beta = 0.10$ と定めて，n と c が計算されている．

■ 例題

$p_0 = 0.2\%$，$p_1 = 1.3\%$ のときの n と c を決める．

p_0 の値 0.2% を含む行 $0.181 \sim 0.224$ と，

p_1 の値 1.3% を含む行 $1.13 \sim 1.40$ との

交わる欄を読み取り，$n = 400$，$c = 2$ を得る．

p_0 (%) ＼ p_1 (%)	0.71〜0.90	0.91〜1.12	1.13〜1.40
0.090〜0.112	＊	400 1	↓
0.113〜0.140	＊	↓	300 1
0.141〜0.180	＊	500 2	↓
0.181〜0.224	＊	＊	400 2
0.225〜0.280	＊	＊	500 3
0.281〜0.355	＊	＊	＊
0.356〜0.450	＊	＊	＊
0.451〜0.560	＊	＊	＊
0.561〜0.710	＊	＊	＊
0.711〜0.900	＊	＊	＊

(注1)　交わる欄に矢印(↑ ↓ → ←)があるときには，その矢印に従って進んで行き，

n と c が記載された最初の欄にぶつかったところで，n と c の値を読み取る．

(注2)　交わる欄に ＊ 印があるときには，「抜取検査設計補助表」を利用する．

抜取検査設計補助表

p_1/p_0	c	n
17 以上	0	$2.56/p_0 + 115/p_1$
16 〜7.9	1	$17.8/p_0 + 194/p_1$
7.8 〜5.6	2	$40.9/p_0 + 266/p_1$
5.5 〜4.4	3	$68.3/p_0 + 334/p_1$
4.3 〜3.6	4	$98.5/p_0 + 400/p_1$
3.5 〜2.8	6	$164.1/p_0 + 527/p_1$
2.7 〜2.3	10	$308/p_0 + 770/p_1$
2.2 〜2.0	15	$502/p_0 + 1065/p_1$
1.99〜1.86	20	$704/p_0 + 1350/p_1$

出典）　JIS Z 9002：1956，p.5，表 2.

(注3)　交わる欄が空欄のときには，抜取検査方式は存在しない．

第9章

新QC七つ道具

親和図法

■ 親和図法とは

　人の意見や発想は，数値ではなく言葉，すなわち，言語データで表現される．言語データが多く得られたときに，それらを統合し，集約するのに用いられる図が親和図である．断片的で，漠然としたイメージを整理して具体化するのに有効である．

　親和図法は，次のような場面でよく使われる．

① テーマの発見

② 問題の整理

③ 要求品質の整理

④ クレーム情報の整理

■ 親和図法の進め方

　親和図の作成は，ブレーンストーミングやアンケートなどで得られた言語データを統合し，要約しながら進めていく．

　例えば，携帯電話という製品に対する顧客の要求として，「軽いものが欲しい」という意見と，「小さいものが欲しい」という意見があがったとしよう．このようなときは，「携帯性の優れた手帳が欲しい」と統合して要約されるであろう．

　親和図法は，言語データが語っている意味の近さ（親和性）に注目し，近いもの同士を統合することで，言語データを整理して，要約する．

　親和図法で対象になるような言語データには，次のようなものがある．

① 事実データ：（例）機械が作動しなくなった．

② 推定データ：（例）部品の故障が原因だろう．

③ 発想データ：（例）部品を交換すれば直りそうだ．

④ 意見データ：（例）容易に修理できるようにしてほしい．

■ 親和図の例

[概念図]

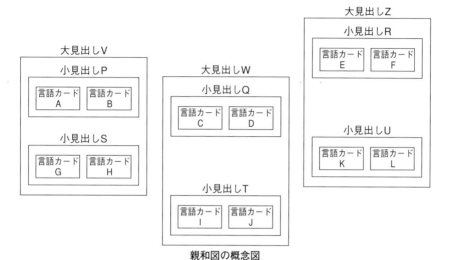

親和図の概念図

[具体例]

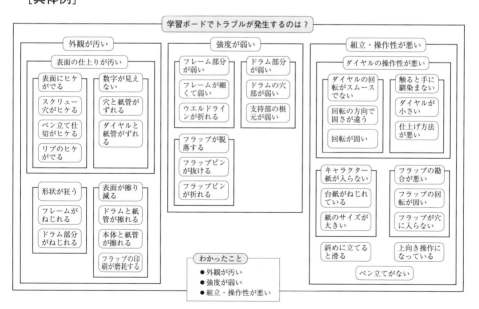

出典）　細谷克也：『QC 手法 100 問 100 答』，日科技連出版社，2004 年，p.132.

連関図法

■ 連関図法とは

　連関図法とは，複雑に絡み合った問題の原因を追求するのに適した図法である．問題とその原因，および原因同士の因果関係を矢線で整理し，改善すべき重要原因や根本原因を絞り込むのに用いる．連関図は，特性要因図と同様に，原因を追求する要因解析の場面で使われる．

　連関図を使うと，問題と原因の関係だけでなく，原因同士の関係も整理できるので，原因が複雑に絡み合っているときの原因追求に有効な道具である．

　連関図では，矢線を使って因果関係を表示する．矢線は，原因から結果へ矢を向けて引くようにする．

■ 連関図法の進め方

　実際に作成するときには，「なぜなぜ問答」を繰り返し，1つの原因が浮かんだら，そのまた原因は何かと順次考えながら進めていく．

　連関図のなかで，矢線を受けていない原因（原因をそれ以上追求できないもの）を根本原因と呼んでいる．問題を防止するには，この根本原因への対策を考えればよいことになる．ただし，手の打ちようがない根本原因もあるので，その場合には，根本原因と直接矢線で結ばれている1つ前の原因に対して対策を考えることになる．矢線が多く出ている原因や，矢線を多く受けている原因は，重要な原因として着目するとよい．

■ 連関図の例

[概念図]

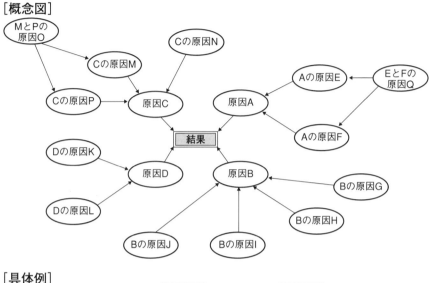

[具体例]

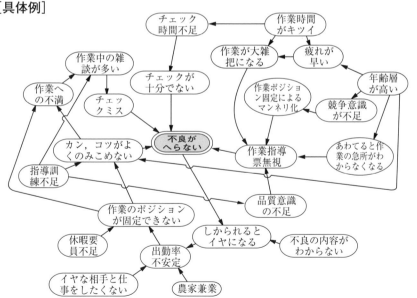

出典）　新QC七つ道具研究会編：「新QC七つ道具」，『品質管理セミナー・ベーシックコース・
　　　テキスト』，日本科学技術連盟，1998年，p.16-4.

製品組立ラインの不良原因追求の連関図

系統図法

■ 系統図法とは

系統図法とは，目標（目的）をどのように達成するのか，すなわち対策（手段）を順序立てて細分化して，行うべき対策を決めるのに使われる図法で，対策の立案で活用される．系統図の作成には，対策の立案段階で目的達成のために何をすればよいのかというアイデアを創造する力が必要になる．

系統図では，目的と手段の連鎖を考えて展開する．例えば，「新商品の拡販を図る」という目的があったとしよう．この目的を達成するための手段として「セールスポイントを明確にする」が考え出されたときには，さらに，これを目的と置き換えて，「セールスポイントを明確にする」ための手段を考える．このようにして，目的と手段の連鎖を利用しながら，手段を展開し，具体的な実施項目のレベルになるまで展開を続ける．

■ 系統図法の進め方

系統図は，下図のように左端に最も大きな目的を書き，そこから右へ右へと展開させながら完成させる．したがって，右端に位置する手段が最終手段であり，具体的な実施項目となる．

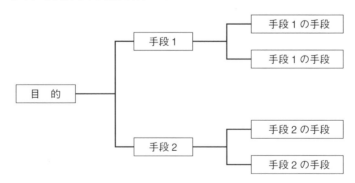

系統図の例

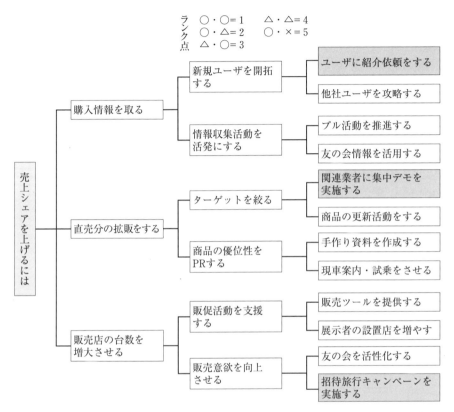

ランク点
○・○＝1　　△・△＝4
○・△＝2　　○・×＝5
△・○＝3

出典）　細谷克也：『QC 手法 100 問 100 答』，日科技連出版社，2004 年，p.138，一部省略．

「売上シェアを上げるには」の系統図

マトリックス図法

■ マトリックス図法とは

　複数の問題と複数の原因が互いに関係している場合，問題と原因の対応関係を整理するには二次元的に整理する必要がある．このような複雑な事象間の対応関係を整理するのに役立つのがマトリックス図法である．

　いま，4つの不具合現象(A，B，C，D)が起きていて，これらの現象を引き起こしている原因の所在として，3つの製造プロセス(熱処理工程，切削工程，研磨工程)が考えられたとする．そこで，以下のような関係が考えられたとしよう．

- Aの原因は熱処理工程と切削工程にある．
- Bの原因は熱処理工程と研磨工程にある．
- Cの原因は切削工程と研磨工程にある．
- Dの原因は熱処理温度と切削時間と研磨方法にある．

　ここで，「不具合現象を行に，製造プロセスを列に」配置した表をつくり，対応するものに○をつけて情報を整理すると，全体の対応関係を把握しやすくなる．このようにしてつくられる二元表がマトリックス図である．

製造プロセス

不具合現象		熱処理	切削	研磨
	A	○	○	
	B	○		○
	C		○	○
	D	○	○	○

　マトリックス図法では，対応関係を見ようとしている項目(不具合現象，製造プロセス)のことを事象と呼んでいる．また，各項目の中身(A, B, C, D)や(熱処理，切削，研磨)を要素と呼んでいる．したがって，マトリックス図とは，異なる事象に属する各要素を行と列に配置し，その交点に要素同士の関連の有無を示した表であるという言い方ができる．

■ マトリックス図の種類

マトリックス図には，次のような種類がある.

① L 型マトリックス（事象が2つのとき）

② T 型マトリックス（事象が3つのとき）

③ Y 型マトリックス（事象が3つのとき）

④ C 型マトリックス（事象が3つのとき）

⑤ X 型マトリックス（事象が4つのとき）

	B1	B2	B3	B4	B5
A1		○	○		
A2	○				
A3			○		○
A4		○		○	

L 型マトリックス

C3	C2	C1		B1	B2	B3	B4	B5
○			A1		○	○		
	○	○	A2	○				
○			A3			○		○
○		○	A4		○		○	

T 型マトリックス

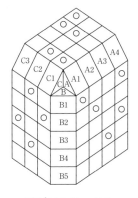

Y 型マトリックス

129

	C1					C2					C3				
	B1	B2	B3	B4	B5	B1	B2	B3	B4	B5	B1	B2	B3	B4	B5
A1		○	○			○					○	○			
A2	○								○		○				
A3			○		○			○		○			○		○
A4		○		○			○					○		○	

C 型マトリックス

○			D4		○	○		○
		○	D3		○			
	○		D2	○				
○			D1	○				○
C3	C2	C1		B1	B2	B3	B4	B5
○			A1		○	○		
	○	○	A2	○				
○			A3			○		○
○		○	A4		○		○	

X 型マトリックス

第 10 章

統計的工程管理

管理図の基本と種類

■ 管理図の概要

　製造工程の状態は，その工程から製造される製品の品質に現れる．したがって，製品の品質を示すデータを観察することで，製造工程の状態を把握することができる．このときに使われる手法が管理図である．管理図は製造工程が安定した状態にあるか否かを判断するための折れ線グラフである．

　管理図を使うことで，データの変動が偶然原因によるものか，異常原因によるものかを見分けることができる．偶然原因とは，発生原因を突き止めても取り除くことができないもので，避けられない原因のことである．異常原因とは，突き止められる原因のことで，見逃せない原因のことである．

　管理図は折れ線グラフ上に，2本の管理限界線(上方管理限界と下方管理限界)と1本の中心線を記入して作成する．管理図における中心線のことを CL，上方管理限界を UCL，下方管理限界を LCL と表す．

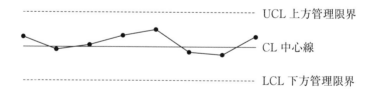

　2本の管理限界線に挟まれた領域のデータのばらつきは，偶然原因によるものと判定し，管理限界線の外に出たデータは，異常原因によるものと判定する．データが管理限界線の外に出たときは，工程で何かいつもと違うことが起きている可能性があるので，その原因を追求し，処置をとらなくてはならない．管理限界線を越えるデータがなく，変動にクセもなければ，その製造工程は安定していると判断される．

■ ３シグマ法

CL を平均値として，その上下にデータの標準偏差の３倍の幅に記入した管理限界を３シグマ限界といい，３シグマ限界を使う管理図の方式を３シグマ法という．

中心線（CL）　　　　　＝平均値
上方管理限界（UCL）＝平均値＋３×標準偏差
下方管理限界（LCL）＝平均値－３×標準偏差

■ 管理図の用途

管理図は使い方によって２つに分けられる．

① 解析用管理図
② 管理用管理図

解析用管理図は工程が安定な状態にあるか否かを調査するために使われる管理図で，管理用管理図は工程を安定な状態に保持するために使われる管理図である．

■ 管理図の種類

管理図上にプロットされるデータの性質に応じて，異なる種類の管理図が用意されているので，利用者はデータの性質に適した管理図を選択して使い分けなければならない．管理図は次のように計量値の管理図と計数値の管理図に分けられる．

計量値の管理図
$\overline{X}$ 管理図，Me 管理図，X 管理図，R 管理図，s 管理図

計数値の管理図
np 管理図，p 管理図，c 管理図，u 管理図

■ 計量値の管理図

① $\overline{X}$ 管理図

工程を品質特性値の平均値によって工程を管理するときに用いる管理図である. R 管理図と併用するときは, $\overline{X}$-R 管理図と呼ばれる.

② Me 管理図

工程を品質特性値のメディアン(中央値)によって工程を管理するときに用いる管理図である. R 管理図と併用するときは, Me-R 管理図と呼ばれる.

③ X 管理図

工程を個々のデータ(測定値)によって管理するときに用いる管理図である. 1 個のデータを得るのに時間がかかるような場合に作成される.

④ R 管理図

工程のばらつきを範囲 R によって管理するときに用いる管理図である. 通常, $\overline{X}$ 管理図や Me 管理図と併用される.

なお, X 管理図のときには, R を計算することができないので, 移動距離 Rs を計算して, R の代用とする(X-Rs 管理図).

(注) Rs も R と表示することもある.

⑤ s 管理図

工程のばらつきを標準偏差 s によって管理するときに用いる管理図である. 通常, $\overline{X}$ 管理図と併用される. そのときには $\overline{X}$-s 管理図と呼ばれる.

■ 計数値の管理図

① p 管理図

工程を不適合品率(不良率)p によって管理するときに用いる管理図である. なお, 不適合品率に限らず, 合格率, 1 級品率など割合であれば, この管理図を利用することができる.

② np 管理図

　　工程を不適合品数(不良個数)np によって管理するときに用い
る管理図である．ただし，不適合品が存在しているサンプルの
大きさ n が等しくなければ適用できない．

③ c 管理図

　　工程を不適合数(欠点数)c によって管理するときに用いる管理
図である．不適合数を調べるときの単位体の大きさや量が等し
くなければ適用できない．

④ u 管理図

　　工程を単位当たりの不適合数 u によって管理するときに用い
る管理図である．欠点数を調べるときの単位体の大きさや量が
等しくないときに，単位当たりの欠点数に変換した数値を使っ
て管理図を作成する．

■ 不適合品数と不適合数

　1 枚の印刷物にキズの数が 3 個以上あったならば，その印刷物は不
適合品であると定義したとしよう．10 枚の印刷物の中に，キズが 3 個
以上あるものが 2 枚あれば，「不適合品数」は 2 であり，「不適合品率」
は 10 枚中 2 枚の割合で不適合品があることになるので 20％となる．こ
のとき，キズの数そのものが「不適合数」となる．

　ところで，キズの数をプロットする c 管理図では，この印刷物の大
きさが同じもの同士の比較でなければ意味がない．大きさが $10\mathrm{cm}^2$ の
印刷物の中にあるキズの数と，$20\mathrm{cm}^2$ の印刷物の中にあるキズの数を
比較しても意味がない．このようなときには，例えば，1 単位を $10\mathrm{cm}^2$
と定義し，1 単位当たりに直した欠点の数を評価していくことにすれば
よい．このときの数値を管理図にするのが u 管理図である．

管理図のつくり方

■ $\overline{X} - R$ 管理図の管理線の計算

【$\overline{X}$ 管理図】

$$\text{CL} = \overline{\overline{X}}$$
$$\text{UCL} = \overline{\overline{X}} + A_2\overline{R}$$
$$\text{LCL} = \overline{\overline{X}} - A_2\overline{R}$$

A_2 は群の大きさ n によって決まる定数であり，管理図係数表から求める．

【R 管理図】

$$\text{CL} = \overline{R}$$
$$\text{UCL} = D_4\overline{R}$$
$$\text{LCL} = D_3\overline{R}$$

D_4 と D_3 は群の大きさ n によって決まる定数であり，管理図係数表から求める．

管理図係数表

n	A_2	D_4	D_3	A_3	B_3	B_4
2	1.880	3.267	–	2.659	–	3.267
3	1.023	2.574	–	1.954	–	2.568
4	0.729	2.282	–	1.628	–	2.266
5	0.577	2.114	–	1.427	–	2.089
6	0.483	2.004	–	1.287	0.030	1.970
7	0.419	1.924	0.076	1.182	0.118	1.882
8	0.373	1.864	0.136	1.099	0.185	1.815
9	0.337	1.816	0.184	1.032	0.239	1.761
10	0.308	1.777	0.223	0.975	0.284	1.716

■ $\overline{X} - s$ 管理図の管理線の計算

【$\overline{X}$ 管理図】

$$\text{CL} = \overline{\overline{X}}$$
$$\text{UCL} = \overline{\overline{X}} + A_3\overline{s}$$
$$\text{LCL} = \overline{\overline{X}} - A_3\overline{s}$$

【s 管理図】

$$CL = \overline{s}$$
$$UCL = B_4 \overline{s}$$
$$LCL = B_3 \overline{s}$$

X 管理図の管理線の計算

$$CL = \overline{X}$$
$$UCL = \overline{X} + 2.659 \times \overline{Rs} \qquad LCL = \overline{X} - 2.659 \times \overline{Rs}$$

Rs 管理図の管理線の計算

$$CL = \overline{Rs}$$
$$UCL = 3.267 \times \overline{Rs} \qquad LCL = (考えない)$$

p 管理図の管理線の計算

$$CL = \overline{p}$$
$$UCL = \overline{p} + 3 \times \sqrt{\frac{\overline{p} \times (1 - \overline{p})}{n_i}} \qquad LCL = \overline{p} - 3 \times \sqrt{\frac{\overline{p} \times (1 - \overline{p})}{n_i}}$$

np 管理図の管理線の計算

$$CL = n\overline{p}$$
$$UCL = n\overline{p} + 3 \times \sqrt{n\overline{p}(1 - \overline{p})} \qquad LCL = n\overline{p} - 3 \times \sqrt{n\overline{p}(1 - \overline{p})}$$

c 管理図の管理線の計算

$$CL = \overline{c}$$
$$UCL = \overline{c} + 3 \times \sqrt{\overline{c}} \qquad LCL = \overline{c} - 3 \times \sqrt{\overline{c}}$$

u 管理図の管理線の計算

$$CL = \overline{u}$$
$$UCL = \overline{u} + 3 \times \sqrt{\frac{\overline{u}}{n_i}} \qquad LCL = \overline{u} - 3 \times \sqrt{\frac{\overline{u}}{n_i}}$$

137

管理図の見方

■ 安定状態

　管理図に打点した点が管理限界内におさまっていて，かつ，点の並び方にクセがない状態を安定状態（統計的管理状態）という．工程が安定状態にあれば，データの変動原因は偶然原因によるもので，見逃せない原因は存在していないと考えてよい．

■ 異常の見方

　管理図が安定状態にない，すなわち，異常であると判断する基準は次のページに示す JIS Z 9020-2 の附属書 B の 8 つのルールを利用するとよい．
　その前に，この図に表示されている A，B，C について，説明しておこう．

U_{CL} ── A ← $\overline{\overline{X}} + 3 \times$（標準偏差）

B ← $\overline{\overline{X}} + 2 \times$（標準偏差）

C ← $\overline{\overline{X}} + 1 \times$（標準偏差）

$\overline{\overline{X}}$ ── C

C ← $\overline{\overline{X}} - 1 \times$（標準偏差）

B ← $\overline{\overline{X}} - 2 \times$（標準偏差）

L_{CL} ── A ← $\overline{\overline{X}} - 3 \times$（標準偏差）

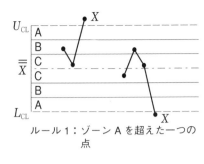

ルール1：ゾーンAを超えた一つの
点

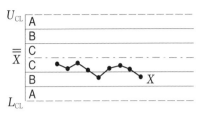

ルール2：中心線の片側上のゾーン
Cの中で又はそれを超え
て，一列になった9点

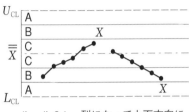

ルール3：一列になって上下方向に
増加又は減少する6点

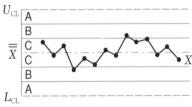

ルール4：一列になって交互に上下
する14点

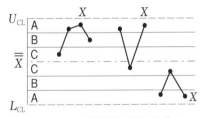

ルール5：中心線の片側上のゾーン
Aの中で又はそれを超え
て，一列になった三つの
うちの二つの点

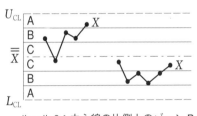

ルール6：中心線の片側上のゾーンB
の中で又はそれを超えて，
一列になった五つのうちの
四つの点

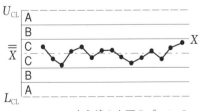

ルール7：中心線の上下のゾーンC
の中で一列になった15点

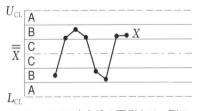

ルール8：中心線の両側上で一列に
なった八つの点で，ゾー
ンCに点はない

出典） JIS Z 9020-2：2016，p.39，図 B.1.

突き止められる原因による変動の判定ルール

■ 工程の変化と点の動き方

工程の平均値とばらつきの変化が $\overline{X}$–R 管理図上でどのように現れるかを見ていくことにする.

① 工程の平均が大きくなったとき（ばらつきは変化なし）

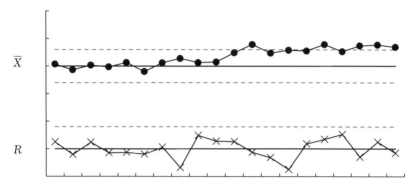

② 工程の平均が徐々に大きくなったとき（ばらつきは変化なし）

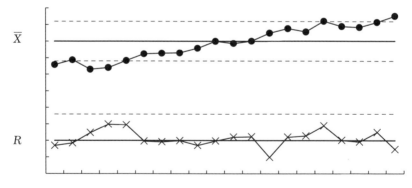

140

③　工程のばらつきが大きくなったとき（平均は変化なし）

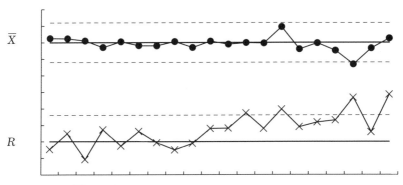

R だけでなく $\overline{X}$ も影響が出る.

④　工程の平均がランダムに変化したとき（ばらつきは変化なし）

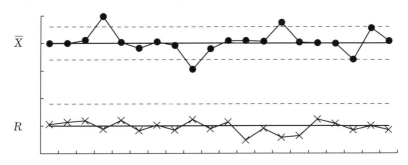

■ 群分け

　複数個の測定値があるときに，それらの測定値を収集した背景が時間や環境，製品の原料，製造の方法などによって違いがありそうだと考えられる区分で分類したときに，同じ区分（違いがなさそうな区分）に属する測定値の集まりを群という．1つの群に含まれる測定値の数を群の大きさという．管理図においては，群内のばらつきは偶然原因だけで構成されるように群分けをすることが望まれる．

　異質なデータで1つの群を構成すると，$\overline{X}$ 管理図において，点が中心線

の近くに集中し，かつ，管理限界は点のばらつきに比べてかなり広いという状態になることがある．このような中心化傾向が見られるときには，群分けを見直す必要がある．

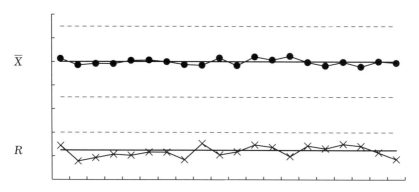

【参考】 計数値の管理図の名称の由来

p 管理図の "p"
① $p$roportion（割合）
② $p$ercent（百分率）

np 管理図の "np"
① n × $p$roportion
② the $n$umber of nonconforming items（不適合品数）

c 管理図の "c"
① $c$ount
② $c$onstant area of opportunity

u 管理図の "u"
① count per $u$nit
② $u$nequal area of opportunity

工程能力と工程能力指数

■ 工程能力

　品質基準を満たした製品を生産できる能力のことを工程能力という．工程能力は，質的能力を示すもので，生産量を示す量的能力とは異なるものである．

　製品の品質特性(寸法や重量)には，通常，適合品と判定するかどうかの規格限界が決められている．例えば，製品の寸法は 10mm から 20mm の間でなければいけないという適合品としての許容範囲が規格限界である．このとき，10mm を下側規格，20mm を上側規格という．通常，上側規格を S_U，下側規格を S_L と表す．なお，規格限界は下側と上側の両方に設定される場合と，下側と上側の片方にだけ設定される場合がある．

■ 工程能力指数

　工程能力を数値で示すものが工程能力指数である．工程能力指数は C_p，あるいは PCI と表される．

　工程が安定している場合，製品に関して測定された計量値のデータは，正規分布に従うのが一般的である．正規分布に従うデータは，全体の 99.7％が，平均値から ±3×標準偏差の範囲内に存在する．±3×標準偏差の幅の広さは 6×標準偏差になる．この幅と規格の幅($S_U - S_L$)を比べることで，工程能力を評価する数値が工程能力指数である．

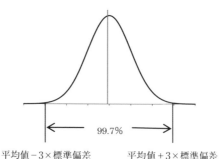

99.7%

平均値 −3×標準偏差　　　　平均値 +3×標準偏差

■ 工程能力指数の計算

工程能力指数を計算するには，

① 平均値 $\overline{X}$ ② 標準偏差 s ③ 上側規格 S_U

④ 下側規格 S_L

の値が必要になる．これらの数値を用いて次のように計算される．

【両側規格が設定されている場合】

$$C_p = \frac{S_U - S_L}{6 \times s}$$

【両側規格が設定されていて，偏りがある場合】

偏りを考慮した C_p を C_{pk} と表す．

$$K = \frac{\left| \dfrac{S_U + S_L}{2} - \overline{X} \right|}{\dfrac{S_U - S_L}{2}} \quad \text{として} \quad \begin{array}{l} K < 1 \text{ならば} \quad C_{pk} = (1 - K) \times C_p \\ K \geq 1 \text{ならば} \quad C_{pk} = 0 \end{array}$$

【上側規格が設定されている場合】

$$C_p = \frac{S_U - \overline{X}}{3 \times s}$$

【下側規格が設定されている場合】

$$C_p = \frac{\overline{X} - S_L}{3 \times s}$$

■ 工程能力指数の見方

工程能力指数 $C_p(C_{pk})$ の値は次のように評価する．

$C_p \geq 1.67$ のとき工程能力は極めて十分である

$1.67 > C_p \geq 1.33$ のとき工程能力は十分である

$1.33 > C_p \geq 1.00$ のとき工程能力はほぼ確保されている

$1.00 > C_p \geq 0.67$ のとき工程能力は不足している

$C_p < 0.67$ のとき工程能力は極めて不足している

第 11 章

信頼性工学

信頼性工学の基本

■ 信頼性の定義

　信頼性とは，商品やサービスが与えられた条件で規定の期間中，要求された機能を果たすことができる性質のことで，故障や不具合の起きにくさと考えればよいであろう．

　信頼度とは，商品やサービスが与えられた期間与えられた条件下で機能を発揮する確率と考えられている．

■ 信頼性の基本要素

信頼性には 3 つの基本的な要素がある．

①　耐久性

　　→故障が少ない，寿命が長い

②　保全性

　　→修理が容易にできる

③　設計信頼性

　　→信頼性を確保するための設計技術

■ 信頼性の尺度

信頼性を評価するための尺度として次のものが挙げられる．

- 故障率（Failure Rate）
- 信頼度（Reliability）
- 平均寿命 MTTF（Mean Time To Failures）
- 平均故障間隔 MTBF（Mean operating Time Between Failures）
- 平均修復時間 MTTR（Mean Time To Repair）
- 稼働率（Availability）
- B_{10} ライフ

■ 信頼度の設計

いま，システムの信頼性を考える．システムが n 個の要素から構成されている場合を想定する．このとき，どの一つの要素が故障してもシステム全体の故障に結びつく直列系と，一つの要素の故障がシステム全体の故障には結びつかない並列系に分かれる．

直列系は最も基本的なシステムで，n 個の要素がそれぞれ異なる下位レベルの機能を果たしている．

直列系の信頼性ブロック図

システム全体の信頼度 R は次のようになる．

$$R = R_1 \times R_2 \times \cdots \times R_n$$

ここで，R_1, R_2, $\cdots$, R_n 各要素の信頼度である．

いま，各要素の信頼度を 0.99 とする．

3 個用いた場合の信頼度 $R = 0.99^3 = 0.9703$

一方，並列系の例は次のような信頼性ブロック図となる．

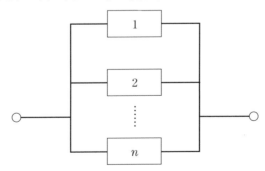

並列系の信頼性ブロック図

システム全体の信頼度 R は次のようになる．

$$R = 1 - (1 - R_1) \times (1 - R_2) \times \cdots \times (1 - R_n)$$

各要素の信頼度を 0.99 とする．

3 個用いた場合の信頼度 $R = 1 - (1 - 0.99)^3 = 0.9999$

信頼性のデータ

■ 信頼度

　信頼度とは，一定時間以上故障なしで機能を果たす確率，あるいは，ある時点で稼働している確率である．いま，下記のようなグラフが得られたとする．10個の製品があり，✕は故障の発生を表す．✕までの長さは時間を表すとしよう．

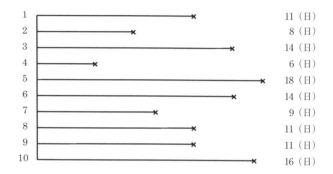

1	11（日）
2	8（日）
3	14（日）
4	6（日）
5	18（日）
6	14（日）
7	9（日）
8	11（日）
9	11（日）
10	16（日）

　時間 t_0 における信頼度を考える．

$t_0 = 10$ とすると，残存数は 7 になるので，
　　信頼度 $= 7/10 = 0.7 = 70\%$

$t_0 = 13$ とすると，残存数は 4 になるので，
　　信頼度 $= 4/10 = 0.4 = 40\%$

$t_0 = 15$ とすると，残存数は 2 になるので，
　　信頼度 $= 2/10 = 0.2 = 20\%$

と計算される．

　信頼度は時間 t とともに減少していくものなので，信頼度関数と呼ばれて，$R(t)$ と書くのが一般的である．

■ MTTF と MTBF

　信頼性の解析では，寿命データを分析することに主眼が置かれる．寿命

データの分布には指数分布やポアソン分布がよく用いられる.

寿命には次に示す2つの重要な尺度がある.

① MTTF

② MTBF

MTTFは平均寿命(故障までの平均時間)でMean Time To Failureを略したものである.最初の故障が起きるまでの期待値と考えればよい.

MTBFは平均故障間隔(平均故障間動作時間)でMean operating Time Between Failuresを略したものである.故障間隔の期待値と考えればよい.

また,MTTRという尺度もある.MTTRは平均修復時間でMean Time To Repairを略したものである.故障を直す時間の期待値と考えればよい.

稼働率(Availability)はMTBFとMTTRを用いて,

$$稼働率(Availability) = \frac{MTBF}{MTBF + MTTR}$$

と求めることができる.

■ 例題

① 8個の製品の故障時間(単位は時間)が次のようになったとするとき,MTTFを求めよ.

140　　220　　182　　170　　191　　210　　200　　208

$$MTTF = \frac{140+220+182+170+191+210+200+208}{8} = 190.125(時間)$$

と計算される.

② 上記の8個の製品の故障時間を,システムが故障したときの経過時間と考えたとき,MTBFを求めよ.

最大値は220であるから,総稼働時間は220時間であり,その間に8回の故障が起きたと考えるので,

$$MTBF = \frac{220}{8} = 27.5(時間)$$

と計算される.

B_{10} ライフ

■ B_{10} ライフとは

B_{10} ライフは「全体の 10% が故障するまでの時間」のことである。「故障確率の累積値が 10% になるまでの時間」という言い方にもなる。このことから、B_{10} ライフは「この時刻までは少なくとも 90% 以上は故障しない」という意味になり、寿命を評価する尺度となる。

$$B_{10} \text{ライフ} = (10\% \text{が故障するまでの時間})$$
$$= (\text{信頼度が} 90\% \text{となる時間})$$

いま、時間 t における故障の密度関数を $f(t)$ とすると、

$$\int_0^{B_{10}\text{ライフ}} f(t)\,dt = 0.1 \quad (10\%)$$

となる。

B_{10} ライフは信頼度が 90% 以上となる時間という言い方もできるので、信頼度と B_{10} ライフの関係は次のように表すことができる。

$$R(B_{10} \text{ライフ}) = \int_{B_{10}\text{ライフ}}^{\infty} f(t)\,dt = 0.9 \quad (90\%)$$

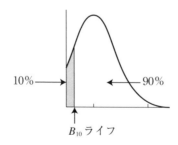

10%　　　90%

B_{10} ライフ

B_{10} ライフと密度関数

■ B_{10} ライフに関する計算

いま，寿命分布として正規分布を仮定しよう．平均が0，標準偏差が1のときには，$K_{0.1} = -1.282$ となる．したがって，平均が μ，標準偏差が σ とすると，

$$\frac{B_{10}ライフ - \mu}{\sigma} = -1.282$$

であるから，

$$B_{10}ライフ - \mu = -1.282\,\sigma$$

$$B_{10}ライフ = \mu - 1.282\,\sigma$$

このことから，μ（MTTF）が小さくなるか，ばらつきが大きくなると，B_{10} ライフが小さくなることがわかる．

平均が50（時間），標準偏差が10（時間）として計算すると，

$$B_{10}ライフ = 50 - 1.282 \times 10 = 37.18 \quad （時間）$$

となる．

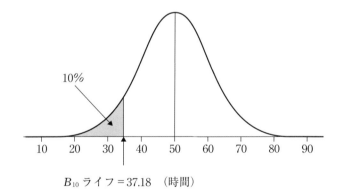

B_{10} ライフ = 37.18　（時間）

FTA

FTA とは

　FTA は故障の木解析(Fault Tree Analysis) を略した呼び方である. FTA では, 品質, 信頼性, 安全性などの観点から, 好ましくない事象を取り上げ, この事象の原因を論理記号により樹形図の形式で展開して, 好ましくない事象の発生原因を探索することが行われる. このときにつくられる樹形図を故障の木という. 故障の木は特性要因図に似た図解手法である. 問題として取り上げた好ましくない事象をトップ事象と呼んでいる.

記号

　FTA では次に示す記号が用いられる.

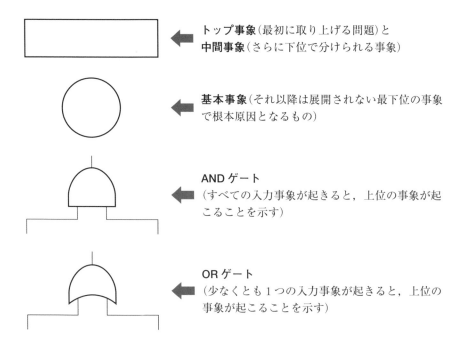

トップ事象(最初に取り上げる問題)と
中間事象(さらに下位で分けられる事象)

基本事象(それ以降は展開されない最下位の事象で根本原因となるもの)

AND ゲート
(すべての入力事象が起きると, 上位の事象が起こることを示す)

OR ゲート
(少なくとも 1 つの入力事象が起きると, 上位の事象が起こることを示す)

■ AND ゲートと OR ゲート

AND ゲートと OR ゲートを比較して，違いを明確にしておこう．

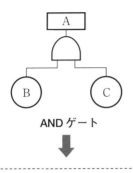

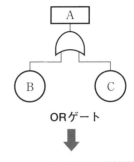

ANDゲート

OR ゲート

B と C の両方が起きると
A が起きる

B と C の少なくとも一方が起きる
と A が起きる

B と C が起きる確率をどちらも 1%（0.01）とすると，

AND ゲートのときに A が起きる確率は

$0.01 \times 0.01 = 0.0001 = 0.01\%$

OR ゲートのときに A が起きる確率は

$1 - (1 - 0.01)^2 = 0.0199 = 0.02\%$

となる．

■ FT 図（故障の木）の概念図

実際の FT 図では樹木が何段階にも展開されていくことになる．

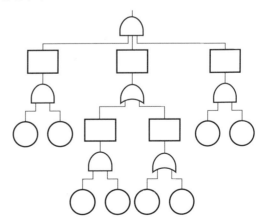

FMEA

■ FMEA とは

　FMEA は故障モード影響解析（Failure Mode and Effects Analysis）を略した呼び方である．この解析は設計や工程計画の段階で，品質問題や事故を事前に予測しておき，その原因にあらかじめ対策を施すことで，予測した問題の発生を防止することを目的としている．製品設計を対象として実施する場合を設計 FMEA，製造工程を対象に実施する場合を工程 FMEA と呼んでいる．故障モードとは，システムやプロセスのなかで発生する機能の発揮を損なう好ましくない事象のことである．例えば，破損，摩耗，劣化などの不具合現象を示している．

■ FMEA の一般的な手順

　FMEA の進め方の公式があるわけではないが，一般的には以下のような手順で進められる．

- ① 　故障モード（不具合事象）を設定する
- ② 　発生原因を想定する
- ③ 　発生頻度を予測する（確認する）
- ④ 　検知方法，検知時点を決定する
- ⑤ 　検知の難易度を評価する
- ⑥ 　上位システムあるいは後続プロセスへの影響度を評価する

FMEA 表の項目例

部品	機能	故障モード	故障の原因	検出の方法	故障の影響	故障モードの発生頻度	故障モードの検出難易度	対策

■ FMEA の例

番号	部品		故障モード	故障メカニズム	故障の影響	故障モードの			危険優先数	是正対策
						きびしさ	頻度	検出難易度		
1	締め付金具	締め付ネジ	ネジゆるみ	取付不良	ゴムホース外れ	5	1	2	10	取説整備
2			ネジ切れ	しめつけトルク大	ゴムホース外れ	5	1	1	5	取説整備
3			ネジ固着	腐食・さび	取はずし不可	1	1	2	2	
4		帯金	帯金のゆるみ	ホースのヘタリ	ゴムホース外れ	5	2	3	30	点検
5			ゴムホースへのくいこみ	しめつけトルク大	ゴムホース劣化	3	1	1	3	
6	ゴムホース	元栓部	へたり	経年劣化	ゴムホース外れ	5	3	3	45	点検
7			クラック	経年劣化	ガスもれ	5	2	1	10	点検

FMEA の例

No.	工程	不良モード	製品への影響	故障モードの			危険優先数	等級	是正方法
				きびしさ	頻度	検出難易度			
1	A部品取付け	異品組付	機能せず	4	1	1	4	Ⅲ	
		ネジしめ不足	部品脱落	5	2	5	50	Ⅰ	点検チェック
		不良品取付	機能低下	3	1	2	6	Ⅲ	
2	A部加工	真円度不足	機能低下	4	2	1	8	Ⅲ	
		残渣残り	欠陥	5	3	5	75	Ⅰ	洗滌
		—	—	—	—	—			

工程の FMEA 例

出典） 真壁肇・鈴木和幸・益田昭彦：『品質保証のための信頼性入門』，日科技連出版社，2002 年，p.141.

バスタブ曲線

■ 故障の分類

部品あるいは製品の故障は，大きく次の3つに分類される．

① 初期故障

② 偶発故障

③ 摩耗故障

製造開始直後で工程が不安定であることなどが原因で起こりやすい故障が初期故障である．偶発故障は故障率が安定している期間に突然起きる故障である．摩耗不良は劣化や疲労などにより起きる故障で，故障率が増加する期間に起きる．これは人間の一生にたとえることができる．幼児の間は体力もなく，病気にかかりやすく，その後，小学生のころから中高齢になるまでは，病気にはかかりにくくなり，体調は安定している．その後は，加齢とともに，体力が低下して，再び幼児期のように病気にかかりやすくなるという話と同じである．初期故障の期間を初期故障期，偶発故障の期間を偶発故障期，摩耗故障の期間を摩耗故障期という．信頼性工学の代表的な手法の一つであるワイブル解析（ワイブル分布に従う寿命データを解析する手法）を使うことで，初期故障期，偶発故障期，摩耗故障期のいずれの段階にある故障であるかを判定することができる．

■ 故障率関数

故障率を時間 t の関数とみるとき，これを故障率関数といい，この関数により描かれたグラフを故障率曲線という．故障率曲線は形状により，次の3つに分類することができる．

① 初期故障型（DFR 型：Decreasing Failure Rate）

② 偶発故障型（CFR 型：Constant Failure Rate）

③ 摩耗故障型（IFR 型：Increasing Failure Rate）

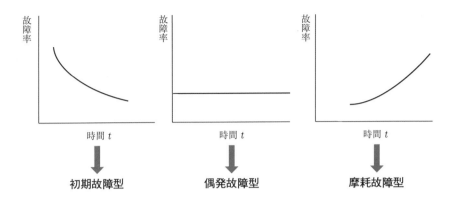

初期故障型　　　　　偶発故障型　　　　　摩耗故障型

■ バスタブ曲線とは

　横軸を時間 t，縦軸を故障率にとった上記の3つのグラフを合体してプロットした曲線は次のようなグラフになる．このグラフは左から初期故障期，偶発故障期，摩耗故障期と解釈することができ，見た目が「風呂の浴槽」の形と同じになることから，バスタブ曲線と呼ばれている．

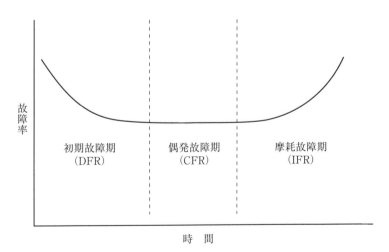

　故障を初期故障，偶発故障，摩耗故障の3つに分類するのは，それぞれの故障で想定する確率分布が異なるため，データの解析方法を変える必要があるのと，故障を減らすための対策も変える必要があるからである．

第**12**章

品質機能展開

品質機能展開の基本

■ 品質の展開と品質機能の展開

　品質機能展開とは，顧客の要求する言葉を製造者の言葉である品質特性に変換し，製品の設計品質を定めるために行われる品質の展開と，品質目標を実現するための技術や業務の展開を実施することで，品質目標の確保を目的として活用される手法を指す．

■ 要求品質展開表

　品質について顧客が望んでいることは，声や文章といった言語データで表現されるのが一般的である．声や文章が顧客の要求品質となるが，定形化されていない形で表現されるので，さまざまな意見を漠然と眺めているだけでは，製品を提供する生産者側は顧客の要求を具現化することは困難である．そこで，声や文章で表現される要求品質を階層構造で表の形に整理することを考える．この表を要求品質展開表と呼んでいる．

■ 品質特性展開表

　製品の品質を評価するための数値項目を品質特性と呼んでいる．生産者は品質特性の値をねらって製品を設計，製造することになる．この品質特性を階層構造で表の形に整理した表を品質特性展開表と呼んでいる．

■ 品質表

　要求品質展開表と品質特性展開表を組み合わせて二元表にしたものを品質表という．品質表では，二元表における行の項目を要求品質展開表の要素とし，列の項目を品質特性展開表の要素として配置する．行と列の交点が要素同士の対応を表していて，関係があるときは○，無関係のときは空欄とする．なお，関係の強弱を◎○△と記号で区別する場合もある．

■ 要求品質展開表の例

携帯電話に対する要求品質展開表の例を示す．抽象的な要求品質から具体的な要求品質へと展開している．1次よりも2次，2次よりも3次と，次数が増えるたびに具体的になる．

1次	2次
持ちやすい	幅が手のひらにおさまる
	軽量である
見やすい	文字が大きい
	画面が大きい
使いやすい	ボタンを押しやすい
	片手で操作ができる

■ 品質特性展開表の例

携帯電話を製造するときの品質特性展開表の例を示す．抽象的な品質特性から具体的な品質特性へと展開している．

1次	携帯性		視認性		操作性	
2次	幅寸法	重量	文字サイズ	画面サイズ	ボタン部高さ	縦寸法

■ 品質表の例

携帯電話の品質表の例を示す．

要求品質展開表 / 品質特性展開表		携帯性		視認性		操作性	
		幅寸法	重量	文字サイズ	画面サイズ	ボタン部高さ	縦寸法
持ちやすい	幅が手のひらにおさまる	◎					○
	軽量である		◎				
見やすい	文字が大きい			◎	○		
	画面が大きい				◎		
使いやすい	ボタンを押しやすい	○				◎	
	片手で操作ができる	○	△				◎

品質機能展開の活用

■ 企画品質

　品質表は要求品質の重要度評価や競合他社との品質比較にも利用することができるので，それらの結果を勘案した企画品質の設定に発展させることができる．その一例を以下に示す．

	携帯性		視認性		操作性		重要度	比較分析				自社の強み
	幅寸法	重量	文字サイズ	画面サイズ	ボタン部高さ	縦寸法	要求品質重要度	自社	A社	B社	C社	
幅が手のひらにおさまる	◎					○	4	4	2	2	3	◎
軽量である		◎					5	3	2	3	4	
文字が大きい			◎	○			3	3	4	2	1	
画面が大きい				◎			3	2	4	3	3	
ボタンを押しやすい	○				◎		2	4	2	3	3	
片手で操作ができる	○	△				◎	4	5	2	2	3	◎

　要求品質重要度はアンケート調査などによって，4段階から7段階で評価する．通常は5段階評価が多く見られる．

■ 技術展開・コスト展開

　設計品質を実現する機能を現状の技術で達成できるか否かを検討し，ボトルネック技術を抽出する方法に技術展開がある．技術展開は品質表などの展開表で，ボトルネックとなる技術や部品を抽出し，抽出されたボトルネックの改善策を検討する．一方，目標原価を要求品質に応じて配分することでコスト低減またはコスト上の問題点を抽出するのがコスト展開である．

■ 信頼性展開

要求品質に対し，信頼性上の保証項目を明確化する方法が信頼性展開である．信頼性展開では，最初に品質表を作成する．続いて，重要要求品質と重要品質特性を設定して，製品の保証項目を抽出する．抽出された保証項目に対して FTA や工程 FMEA を実施して，信頼性を確保するうえでボトルネックとなる項目を明確にして，改善策を検討する．

■ 品質保証システムの構築

品質機能展開は品質保証システムを構築する過程でも利用される．以下に品質保証システム構築手順の一例を示す．

① 品質保証のための業務機能の抽出
② 業務機能展開表の作成
③ 業務機能展開表と製品品質保証項目の二元表の作成
④ 品質保証体系図の作成

（注） 品質機能展開という言葉は Quality Function Deployment と英訳され，QFD と省略されて使われている．

付　表

出典）　付表 1～6 について，森口繁一，日科技連数値表委員会(代表：久米均)編：『新編 日科技連数値表－第 2 版－』，日科技連出版社，2009 年.

　　　付表 7 について，日科技連 QC 入門コース・テキスト編集委員会編：『品質管理セミナー入門コース・テキスト(補訂第 3 版)』，2012 年.

付表1　正規分布表

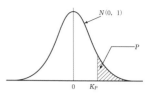

$N(0, 1)$

P

0　K_P

（Ⅰ）　K_P から P を求める表

K_P	*＝0	1	2	3	4	5	6	7	8	9
0.0*	.5000	.4960	.4920	.4880	.4840	.4801	.4761	.4721	.4681	.4641
0.1*	.4602	.4562	.4522	.4483	.4443	.4404	.4364	.4325	.4286	.4247
0.2*	.4207	.4168	.4129	.4090	.4052	.4013	.3974	.3936	.3897	.3859
0.3*	.3821	.3783	.3745	.3707	.3669	.3632	.3594	.3557	.3520	.3483
0.4*	.3446	.3409	.3372	.3336	.3300	.3264	.3228	.3192	.3156	.3121
0.5*	.3085	.3050	.3015	.2981	.2946	.2912	.2877	.2843	.2810	.2776
0.6*	.2743	.2709	.2676	.2643	.2611	.2578	.2546	.2514	.2483	.2451
0.7*	.2420	.2389	.2358	.2327	.2296	.2266	.2236	.2206	.2177	.2148
0.8*	.2119	.2090	.2061	.2033	.2005	.1977	.1949	.1922	.1894	.1867
0.9*	.1841	.1814	.1788	.1762	.1736	.1711	.1685	.1660	.1635	.1611
1.0*	.1587	.1562	.1539	.1515	.1492	.1469	.1446	.1423	.1401	.1379
1.1*	.1357	.1335	.1314	.1292	.1271	.1251	.1230	.1210	.1190	.1170
1.2*	.1151	.1131	.1112	.1093	.1075	.1056	.1038	.1020	.1003	.0985
1.3*	.0968	.0951	.0934	.0918	.0901	.0885	.0869	.0853	.0838	.0823
1.4*	.0808	.0793	.0778	.0764	.0749	.0735	.0721	.0708	.0694	.0681
1.5*	.0668	.0655	.0643	.0630	.0618	.0606	.0594	.0582	.0571	.0559
1.6*	.0548	.0537	.0526	.0516	.0505	.0495	.0485	.0475	.0465	.0455
1.7*	.0446	.0436	.0427	.0418	.0409	.0401	.0392	.0384	.0375	.0367
1.8*	.0359	.0351	.0344	.0336	.0329	.0322	.0314	.0307	.0301	.0294
1.9*	.0287	.0281	.0274	.0268	.0262	.0256	.0250	.0244	.0239	.0233
2.0*	.0228	.0222	.0217	.0212	.0207	.0202	.0197	.0192	.0188	.0183
2.1*	.0179	.0174	.0170	.0166	.0162	.0158	.0154	.0150	.0146	.0143
2.2*	.0139	.0136	.0132	.0129	.0125	.0122	.0119	.0116	.0113	.0110
2.3*	.0107	.0104	.0102	.0099	.0096	.0094	.0091	.0089	.0087	.0084
2.4*	.0082	.0080	.0078	.0075	.0073	.0071	.0069	.0068	.0066	.0064
2.5*	.0062	.0060	.0059	.0057	.0055	.0054	.0052	.0051	.0049	.0048
2.6*	.0047	.0045	.0044	.0043	.0041	.0040	.0039	.0038	.0037	.0036
2.7*	.0035	.0034	.0033	.0032	.0031	.0030	.0029	.0028	.0027	.0026
2.8*	.0026	.0025	.0024	.0023	.0023	.0022	.0021	.0021	.0020	.0019
2.9*	.0019	.0018	.0018	.0017	.0016	.0016	.0015	.0015	.0014	.0014
3.0*	.0013	.0013	.0013	.0012	.0012	.0011	.0011	.0011	.0010	.0010
3.5	.2326E-3									
4.0	.3167E-4									
4.5	.3398E-5									
5.0	.2867E-6									
5.5	.1899E-7									

（Ⅱ）　P から K_P を求める表

P	*＝0	1	2	3	4	5	6	7	8	9
0.00*	∞	3.090	2.878	2.748	2.652	2.576	2.512	2.457	2.409	2.366
0.0*	∞	2.326	2.054	1.881	1.751	1.645	1.555	1.476	1.405	1.341
0.1*	1.282	1.227	1.175	1.126	1.080	1.036	.994	.954	.915	.878
0.2*	.842	.806	.772	.739	.706	.674	.643	.613	.583	.553
0.3*	.524	.496	.468	.440	.412	.385	.358	.332	.305	.279
0.4*	.253	.228	.202	.176	.151	.126	.100	.075	.050	.025

付表2　t表

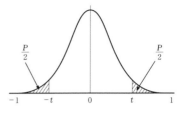

自由度 ϕ と両側確率 P とから t を求める表

ϕ \ P	0.50	0.40	0.30	0.20	0.10	**0.05**	0.02	**0.01**	0.001	ϕ
1	1.000	1.376	1.963	3.078	6.314	**12.706**	31.821	**63.657**	636.619	1
2	0.816	1.061	1.386	1.886	2.920	**4.303**	6.965	**9.925**	31.599	2
3	0.765	0.978	1.250	1.638	2.353	**3.182**	4.541	**5.841**	12.924	3
4	0.741	0.941	1.190	1.533	2.132	**2.776**	3.747	**4.604**	8.610	4
5	0.727	0.920	1.156	1.476	2.015	**2.571**	3.365	**4.032**	6.869	5
6	0.718	0.906	1.134	1.440	1.943	**2.447**	3.143	**3.707**	5.959	6
7	0.711	0.896	1.119	1.415	1.895	**2.365**	2.998	**3.499**	5.408	7
8	0.706	0.889	1.108	1.397	1.860	**2.306**	2.896	**3.355**	5.041	8
9	0.703	0.883	1.100	1.383	1.833	**2.262**	2.821	**3.250**	4.781	9
10	0.700	0.879	1.093	1.372	1.812	**2.228**	2.764	**3.169**	4.587	10
11	0.697	0.876	1.088	1.363	1.796	**2.201**	2.718	**3.106**	4.437	11
12	0.695	0.873	1.083	1.356	1.782	**2.179**	2.681	**3.055**	4.318	12
13	0.694	0.870	1.079	1.350	1.771	**2.160**	2.650	**3.012**	4.221	13
14	0.692	0.868	1.076	1.345	1.761	**2.145**	2.624	**2.977**	4.140	14
15	0.691	0.866	1.074	1.341	1.753	**2.131**	2.602	**2.947**	4.073	15
16	0.690	0.865	1.071	1.337	1.746	**2.120**	2.583	**2.921**	4.015	16
17	0.689	0.863	1.069	1.333	1.740	**2.110**	2.567	**2.898**	3.965	17
18	0.688	0.862	1.067	1.330	1.734	**2.101**	2.552	**2.878**	3.922	18
19	0.688	0.861	1.066	1.328	1.729	**2.093**	2.539	**2.861**	3.883	19
20	0.687	0.860	1.064	1.325	1.725	**2.086**	2.528	**2.845**	3.850	20
21	0.686	0.859	1.063	1.323	1.721	**2.080**	2.518	**2.831**	3.819	21
22	0.686	0.858	1.061	1.321	1.717	**2.074**	2.508	**2.819**	3.792	22
23	0.685	0.858	1.060	1.319	1.714	**2.069**	2.500	**2.807**	3.768	23
24	0.685	0.857	1.059	1.318	1.711	**2.064**	2.492	**2.797**	3.745	24
25	0.684	0.856	1.058	1.316	1.708	**2.060**	2.485	**2.787**	3.725	25
26	0.684	0.856	1.058	1.315	1.706	**2.056**	2.479	**2.779**	3.707	26
27	0.684	0.855	1.057	1.314	1.703	**2.052**	2.473	**2.771**	3.690	27
28	0.683	0.855	1.056	1.313	1.701	**2.048**	2.467	**2.763**	3.674	28
29	0.683	0.854	1.055	1.311	1.699	**2.045**	2.462	**2.756**	3.659	29
30	0.683	0.854	1.055	1.310	1.697	**2.042**	2.457	**2.750**	3.646	30
40	0.681	0.851	1.050	1.303	1.684	**2.021**	2.423	**2.704**	3.551	40
60	0.679	0.848	1.046	1.296	1.671	**2.000**	2.390	**2.660**	3.460	60
120	0.677	0.845	1.041	1.289	1.658	**1.980**	2.358	**2.617**	3.373	120
∞	0.674	0.842	1.036	1.282	1.645	**1.960**	2.326	**2.576**	3.291	∞

例：$\phi = 10$ の両側5％点 $(P = 0.05)$ に対する t の値は 2.228 である.

付表 3　χ² 表

自由度 φ と上側確率 P とから χ² を求める表

ϕ \ P	.995	.99	.975	.95	.90	.75	.50	.25	.10	.05	.025	.01	.005	P \ ϕ
1	0.0^4393	0.0^3157	0.0^3982	0.0^2393	0.0158	0.102	0.455	1.323	2.71.	3.84	5.02	6.63	7.88	1
2	0.0100	0.0201	0.0506	0.103	0.211	0.575	1.386	2.77	4.61	5.99	7.38	9.21	10.60	2
3	0.0717	0.115	0.216	0.352	0.584	1.213	2.37	4.11	6.25	7.81	9.35	11.34	12.84	3
4	0.207	0.297	0.484	0.711	1.064	1.923	3.36	5.39	7.78	9.49	11.14	13.28	14.86	4
5	0.412	0.544	0.831	1.145	1.610	2.67	4.35	6.63	9.24	11.07	12.83	15.09	16.75	5
6	0.676	0.872	1.237	1.635	2.20	3.45	5.35	7.84	10.64	12.59	14.45	16.81	18.55	6
7	0.989	1.239	1.690	2.17	2.83	4.25	6.35	9.04	12.02	14.07	16.01	18.48	20.3	7
8	1.344	1.646	2.18	2.73	3.49	5.07	7.34	10.22	13.36	15.51	17.53	20.1	22.0	8
9	1.735	2.09	2.70	3.33	4.17	5.90	8.34	11.39	14.68	16.92	19.02	21.7	23.6	9
10	2.16	2.56	3.25	3.94	4.87	6.74	9.34	12.55	15.99	18.31	20.5	23.2	25.2	10
11	2.60	3.05	3.82	4.57	5.58	7.58	10.34	13.70	17.28	19.68	21.9	24.7	26.8	11
12	3.07	3.57	4.40	5.23	6.30	8.44	11.34	14.85	18.55	21.0	23.3	26.2	28.3	12
13	3.57	4.11	5.01	5.89	7.04	9.30	12.34	15.98	19.81	22.4	24.7	27.7	29.8	13
14	4.07	4.66	5.63	6.57	7.79	10.17	13.34	17.12	21.1	23.7	26.1	29.1	31.3	14
15	4.60	5.23	6.26	7.26	8.55	11.04	14.34	18.25	22.3	25.0	27.5	30.6	32.8	15
16	5.14	5.81	6.91	7.96	9.31	11.91	15.34	19.37	23.5	26.3	28.8	32.0	34.3	16
17	5.70	6.41	7.56	8.67	10.09	12.79	16.34	20.5	24.8	27.6	30.2	33.4	35.7	17
18	6.26	7.01	8.23	9.39	10.86	13.68	17.34	21.6	26.0	28.9	31.5	34.8	37.2	18
19	6.84	7.63	8.91	10.12	11.65	14.56	18.34	22.7	27.2	30.1	32.9	36.2	38.6	19
20	.7.43	8.26	9.59.	10.85	12.44	15.45	19.34	23.8	28.4	31.4	34.2	37.6	40.0	20
21	8.03	8.90	10.28	11.59	13.24	16.34	20.3	24.9	29.6	32.7	35.5	38.9	41.4	21
22	8.64	9.54	10.98	12.34	14.04	17.24	21.3	26.0	30.8	33.9	36.8	40.3	42.8	22
23	9.26	10.20	11.69	13.09	14.85	18.14	22.3	27.1	32.0	35.2	38.1	41.6	44.2	23
24	9.89	10.86	12.40	13.85	15.66	19.04	23.3	28.2	33.2	36.4	39.4	43.0	45.6	24
25	10.52	11.52	13.12	14.61	16.47	19.94	24.3	29.3	34.4	37.7	40.6	44.3	46.9	25
26	11.16	12.20	13.84	15.38	17.29	20.8	25.3	30.4	35.6	38.9	41.9	45.6	48.3	26
27	11.81	12.88	14.57	16.15	18.11	21.7	26.3	31.5	36.7	40.1	43.2	47.0	49.6	27
28	12.46	13.56	15.31	16.93	18.94	22.7	27.3	32.6	37.9	41.3	44.5	48.3	51.0	28
29	13.12	14.26	16.05	17.71	19.77	23.6	28.3	33.7	39.1	42.6	45.7	49.6	52.3	29
30	13.79	14.95	16.79	18.49	20.6	24.5	29.3	34.8	40.3	43.8	47.0	50.9	53.7	30
40	20.7	22.2	24.4	26.5	29.1	33.7	39.3	45.6	51.8	55.8	59.3	63.7	66.8	40
50	28.0	29.7	32.4	34.8	37.7	42.9	49.3	56.3	63.2	67.5	71.4	76.2	79.5	50
60	35.5	37.5	40.5	43.2	46.5	52.3	59.3	67.0	74.4	79.1	83.3	88.4	92.0	60
70	43.3	45.4	48.8	51.7	55.3	61.7	69.3	77.6	85.5	90.5	95.0	100.4	104.2	70
80	51.2	53.5	57.2	60.4	64.3	71.1	79.3	88.1	96.6	101.9	106.6	112.3	116.3	80
90	59.2	61.8	65.6	69.1	73.3	80.6	89.3	98.6	107.6	113.1	118.1	124.1	128.3	90
100	67.3	70..1	74.2	77.9	82.4	90.1	99.3	109.1	118.5	124.3	129.6	135.9	140.2	100

付表 4　F 表（0.025）

$F(\phi_1, \phi_2 ; \alpha)$　$\alpha = 0.025$
$\phi_1 =$ 分子の自由度　$\phi_2 =$ 分母の自由度

$\phi_2 \backslash \phi_1$	1	2	3	4	5	6	7	8	9	10	12	15	20	24	30	40	60	120	∞
1	648.	800.	864.	900.	922.	937.	948.	957.	963.	969.	977.	985.	993.	997.	1001.	1006.	1010.	1014.	1018.
2	38.5	39.0	39.2	39.2	39.3	39.3	39.4	39.4	39.4	39.4	39.4	39.4	39.4	39.5	39.5	39.5	39.5	39.5	39.5
3	17.4	16.0	15.4	15.1	14.9	14.7	14.6	14.5	14.5	14.4	14.3	14.3	14.2	14.1	14.1	14.0	14.0	13.9	13.9
4	12.2	10.6	9.98	9.60	9.36	9.20	9.07	8.98	8.90	8.84	8.75	8.66	8.56	8.51	8.46	8.41	8.36	8.31	8.26
5	10.0	8.43	7.76	7.39	7.15	6.98	6.85	6.76	6.68	6.62	6.52	6.43	6.33	6.28	6.23	6.18	6.12	6.07	6.02
6	8.81	7.26	6.60	6.23	5.99	5.82	5.70	5.60	5.52	5.46	5.37	5.27	5.17	5.12	5.07	5.01	4.96	4.90	4.85
7	8.07	6.54	5.89	5.52	5.29	5.12	4.99	4.90	4.82	4.76	4.67	4.57	4.47	4.42	4.36	4.31	4.25	4.20	4.14
8	7.57	6.06	5.42	5.05	4.82	4.65	4.53	4.43	4.36	4.30	4.20	4.10	4.00	3.95	3.89	3.84	3.78	3.73	3.67
9	7.21	5.71	5.08	4.72	4.48	4.32	4.20	4.10	4.03	3.96	3.87	3.77	3.67	3.61	3.56	3.51	3.45	3.39	3.33
10	6.94	5.46	4.83	4.47	4.24	4.07	3.95	3.85	3.78	3.72	3.62	3.52	3.42	3.37	3.31	3.26	3.20	3.14	3.08
11	6.72	5.26	4.63	4.28	4.04	3.88	3.76	3.66	3.59	3.53	3.43	3.33	3.23	3.17	3.12	3.06	3.00	2.94	2.88
12	6.55	5.10	4.47	4.12	3.89	3.73	3.61	3.51	3.44	3.37	3.28	3.18	3.07	3.02	2.96	2.91	2.85	2.79	2.72
13	6.41	4.97	4.35	4.00	3.77	3.60	3.48	3.39	3.31	3.25	3.15	3.05	2.95	2.89	2.84	2.78	2.72	2.66	2.60
14	6.30	4.86	4.24	3.89	3.66	3.50	3.38	3.29	3.21	3.15	3.05	2.95	2.84	2.79	2.73	2.67	2.61	2.55	2.49
15	6.20	4.77	4.15	3.80	3.58	3.41	3.29	3.20	3.12	3.06	2.96	2.86	2.76	2.70	2.64	2.59	2.52	2.46	2.40
16	6.12	4.69	4.08	3.73	3.50	3.34	3.22	3.12	3.05	2.99	2.89	2.79	2.68	2.63	2.57	2.51	2.45	2.38	2.32
17	6.04	4.62	4.01	3.66	3.44	3.28	3.16	3.06	2.98	2.92	2.82	2.72	2.62	2.56	2.50	2.44	2.38	2.32	2.25
18	5.98	4.56	3.95	3.61	3.38	3.22	3.10	3.01	2.93	2.87	2.77	2.67	2.56	2.50	2.44	2.38	2.32	2.26	2.19
19	5.92	4.51	3.90	3.56	3.33	3.17	3.05	2.96	2.88	2.82	2.72	2.62	2.51	2.45	2.39	2.33	2.27	2.20	2.13
20	5.87	4.46	3.86	3.51	3.29	3.13	3.01	2.91	2.84	2.77	2.68	2.57	2.46	2.41	2.35	2.29	2.22	2.16	2.09
21	5.83	4.42	3.82	3.48	3.25	3.09	2.97	2.87	2.80	2.73	2.64	2.53	2.42	2.37	2.31	2.25	2.18	2.11	2.04
22	5.79	4.38	3.78	3.44	3.22	3.05	2.93	2.84	2.76	2.70	2.60	2.50	2.39	2.33	2.27	2.21	2.14	2.08	2.00
23	5.75	4.35	3.75	3.41	3.18	3.02	2.90	2.81	2.73	2.67	2.57	2.47	2.36	2.30	2.24	2.18	2.11	2.04	1.97
24	5.72	4.32	3.72	3.38	3.15	2.99	2.87	2.78	2.70	2.64	2.54	2.44	2.33	2.27	2.21	2.15	2.08	2.01	1.94
25	5.69	4.29	3.69	3.35	3.13	2.97	2.85	2.75	2.68	2.61	2.51	2.41	2.30	2.24	2.18	2.12	2.05	1.98	1.91
26	5.66	4.27	3.67	3.33	3.10	2.94	2.82	2.73	2.65	2.59	2.49	2.39	2.28	2.22	2.16	2.09	2.03	1.95	1.88
27	5.63	4.24	3.65	3.31	3.08	2.92	2.80	2.71	2.63	2.57	2.47	2.36	2.25	2.19	2.13	2.07	2.00	1.93	1.85
28	5.61	4.22	3.63	3.29	3.06	2.90	2.78	2.69	2.61	2.55	2.45	2.34	2.23	2.17	2.11	2.05	1.98	1.91	1.83
29	5.59	4.20	3.61	3.27	3.04	2.88	2.76	2.67	2.59	2.53	2.43	2.32	2.21	2.15	2.09	2.03	1.96	1.89	1.81
30	5.57	4.18	3.59	3.25	3.03	2.87	2.75	2.65	2.57	2.51	2.41	2.31	2.20	2.14	2.07	2.01	1.94	1.87	1.79
40	5.42	4.05	3.46	3.13	2.90	2.74	2.62	2.53	2.45	2.39	2.29	2.18	2.07	2.01	1.94	1.88	1.80	1.72	1.64
60	5.29	3.93	3.34	3.01	2.79	2.63	2.51	2.41	2.33	2.27	2.17	2.06	1.94	1.88	1.82	1.74	1.67	1.58	1.48
120	5.15	3.80	3.23	2.89	2.67	2.52	2.39	2.30	2.22	2.16	2.05	1.94	1.82	1.76	1.69	1.61	1.53	1.43	1.31
∞	5.02	3.69	3.12	2.79	2.57	2.41	2.29	2.19	2.11	2.05	1.94	1.83	1.71	1.64	1.57	1.48	1.39	1.27	1.00
$\phi_2 \backslash \phi_1$	1	2	3	4	5	6	7	8	9	10	12	15	20	24	30	40	60	120	∞

2.5%

例：$\phi_1 = 5$, $\phi_2 = 10$ の $F(\phi_1, \phi_2 ; 0.025)$ の値は、$\phi_1 = 5$ の列と $\phi_2 = 10$ の行の交わる点の値 4.24 で与えられる。

付表 4　F 表 (0.05　0.01)

$F(\phi_1, \phi_2; \alpha)$　α=0.05(細字)　α=0.01(大字)
ϕ_1 = 分子の自由度　ϕ_2 = 分母の自由度

ϕ_2	α	1	2	3	4	5	6	7	8	9	10	12	15	20	24	30	40	60	120	∞
1	0.05	161.	200.	216.	225.	230.	234.	237.	239.	241.	242.	244.	246.	248.	249.	250.	251.	252.	253.	254.
	0.01	4052.	5000.	5403.	5625.	5764.	5859.	5928.	5981.	6022.	6056.	6106.	6157.	6209.	6235.	6261.	6287.	6313.	6339.	6366.
2	0.05	18.5	19.0	19.2	19.2	19.3	19.3	19.4	19.4	19.4	19.4	19.4	19.4	19.4	19.5	19.5	19.5	19.5	19.5	19.5
	0.01	98.5	99.0	99.2	99.2	99.3	99.3	99.4	99.4	99.4	99.4	99.4	99.4	99.4	99.5	99.5	99.5	99.5	99.5	99.5
3	0.05	10.1	9.55	9.28	9.12	9.01	8.94	8.89	8.85	8.81	8.79	8.74	8.70	8.66	8.64	8.62	8.59	8.57	8.55	8.53
	0.01	34.1	30.8	29.5	28.7	28.2	27.9	27.7	27.5	27.3	27.2	27.1	26.9	26.7	26.6	26.5	26.4	26.3	26.2	26.1
4	0.05	7.71	6.94	6.59	6.39	6.26	6.16	6.09	6.04	6.00	5.96	5.91	5.86	5.80	5.77	5.75	5.72	5.69	5.66	5.63
	0.01	21.2	18.0	16.7	16.0	15.5	15.2	15.0	14.8	14.7	14.5	14.4	14.2	14.0	13.9	13.8	13.7	13.7	13.6	13.5
5	0.05	6.61	5.79	5.41	5.19	5.05	4.95	4.88	4.82	4.77	4.74	4.68	4.62	4.56	4.53	4.50	4.46	4.43	4.40	4.36
	0.01	16.3	13.3	12.1	11.4	11.0	10.7	10.5	10.3	10.2	10.1	9.89	9.72	9.55	9.47	9.38	9.29	9.20	9.11	9.02
6	0.05	5.99	5.14	4.76	4.53	4.39	4.28	4.21	4.15	4.10	4.06	4.00	3.94	3.87	3.84	3.81	3.77	3.74	3.70	3.67
	0.01	13.7	10.9	9.78	9.15	8.75	8.47	8.26	8.10	7.98	7.87	7.72	7.56	7.40	7.31	7.23	7.14	7.06	6.97	6.88
7	0.05	5.59	4.74	4.35	4.12	3.97	3.87	3.79	3.73	3.68	3.64	3.57	3.51	3.44	3.41	3.38	3.34	3.30	3.27	3.23
	0.01	12.2	9.55	8.45	7.85	7.46	7.19	6.99	6.84	6.72	6.62	6.47	6.31	6.16	6.07	5.99	5.91	5.82	5.74	5.65
8	0.05	5.32	4.46	4.07	3.84	3.69	3.58	3.50	3.44	3.39	3.35	3.28	3.22	3.15	3.12	3.08	3.04	3.01	2.97	2.93
	0.01	11.3	8.65	7.59	7.01	6.63	6.37	6.18	6.03	5.91	5.81	5.67	5.52	5.36	5.28	5.20	5.12	5.03	4.95	4.86
9	0.05	5.12	4.26	3.86	3.63	3.48	3.37	3.29	3.23	3.18	3.14	3.07	3.01	2.94	2.90	2.86	2.83	2.79	2.75	2.71
	0.01	10.6	8.02	6.99	6.42	6.06	5.80	5.61	5.47	5.35	5.26	5.11	4.96	4.81	4.73	4.65	4.57	4.48	4.40	4.31
10	0.05	4.96	4.10	3.71	3.48	3.33	3.22	3.14	3.07	3.02	2.98	2.91	2.85	2.77	2.74	2.70	2.66	2.62	2.58	2.54
	0.01	10.0	7.56	6.55	5.99	5.64	5.39	5.20	5.06	4.94	4.85	4.71	4.56	4.41	4.33	4.25	4.17	4.08	4.00	3.91
11	0.05	4.84	3.98	3.59	3.36	3.20	3.09	3.01	2.95	2.90	2.85	2.79	2.72	2.65	2.61	2.57	2.53	2.49	2.45	2.40
	0.01	9.65	7.21	6.22	5.67	5.32	5.07	4.89	4.74	4.63	4.54	4.40	4.25	4.10	4.02	3.94	3.86	3.78	3.69	3.60
12	0.05	4.75	3.89	3.49	3.26	3.11	3.00	2.91	2.85	2.80	2.75	2.69	2.62	2.54	2.51	2.47	2.43	2.38	2.34	2.30
	0.01	9.33	6.93	5.95	5.41	5.06	4.82	4.64	4.50	4.39	4.30	4.16	4.01	3.86	3.78	3.70	3.62	3.54	3.45	3.36
13	0.05	4.67	3.81	3.41	3.18	3.03	2.92	2.83	2.77	2.71	2.67	2.60	2.53	2.46	2.42	2.38	2.34	2.30	2.25	2.21
	0.01	9.07	6.70	5.74	5.21	4.86	4.62	4.44	4.30	4.19	4.10	3.96	3.82	3.66	3.59	3.51	3.43	3.34	3.25	3.17
14	0.05	4.60	3.74	3.34	3.11	2.96	2.85	2.76	2.70	2.65	2.60	2.53	2.46	2.39	2.35	2.31	2.27	2.22	2.18	2.13
	0.01	8.86	6.51	5.56	5.04	4.69	4.46	4.28	4.14	4.03	3.94	3.80	3.66	3.51	3.43	3.35	3.27	3.18	3.09	3.00
15	0.05	4.54	3.68	3.29	3.06	2.90	2.79	2.71	2.64	2.59	2.54	2.48	2.40	2.33	2.29	2.25	2.20	2.16	2.11	2.07
	0.01	8.68	6.36	5.42	4.89	4.56	4.32	4.14	4.00	3.89	3.80	3.67	3.52	3.37	3.29	3.21	3.13	3.05	2.96	2.87

例　$\phi_1=5$、$\phi_2=10$に対する$F(\phi_1, \phi_2; 0.05)$の値は、$\phi_1=5$の列と$\phi_2=10$の行の交わる点の上段の値(細字)3.33で与えられる.

付表 4（つづき）

ϕ_2	ϕ_1=1	2	3	4	5	6	7	8	9	10	12	15	20	24	30	40	60	120	∞
16	4.49	3.63	3.24	3.01	2.85	2.74	2.66	2.59	2.54	2.49	2.42	2.35	2.28	2.24	2.19	2.15	2.11	2.06	2.01
	8.53	6.23	5.29	4.77	4.44	4.20	4.03	3.89	3.78	3.69	3.55	3.41	3.26	3.18	3.10	3.02	2.93	2.84	2.75
17	4.45	3.59	3.20	2.96	2.81	2.70	2.61	2.55	2.49	2.45	2.38	2.31	2.23	2.19	2.15	2.10	2.06	2.01	1.96
	8.40	6.11	5.18	4.67	4.34	4.10	3.93	3.79	3.68	3.59	3.46	3.31	3.16	3.08	3.00	2.92	2.83	2.75	2.65
18	4.41	3.55	3.16	2.93	2.77	2.66	2.58	2.51	2.46	2.41	2.34	2.27	2.19	2.15	2.11	2.06	2.02	1.97	1.92
	8.29	6.01	5.09	4.58	4.25	4.01	3.84	3.71	3.60	3.51	3.37	3.23	3.08	3.00	2.92	2.84	2.75	2.66	2.57
19	4.38	3.52	3.13	2.90	2.74	2.63	2.54	2.48	2.42	2.38	2.31	2.23	2.16	2.11	2.07	2.03	1.98	1.93	1.88
	8.18	5.93	5.01	4.50	4.17	3.94	3.77	3.63	3.52	3.43	3.30	3.15	3.00	2.92	2.84	2.76	2.67	2.58	2.49
20	4.35	3.49	3.10	2.87	2.71	2.60	2.51	2.45	2.39	2.35	2.28	2.20	2.12	2.08	2.04	1.99	1.95	1.90	1.84
	8.10	5.85	4.94	4.43	4.10	3.87	3.70	3.56	3.46	3.37	3.23	3.09	2.94	2.86	2.78	2.69	2.61	2.52	2.42
21	4.32	3.47	3.07	2.84	2.68	2.57	2.49	2.42	2.37	2.32	2.25	2.18	2.10	2.05	2.01	1.96	1.92	1.87	1.81
	8.02	5.78	4.87	4.37	4.04	3.81	3.64	3.51	3.40	3.31	3.17	3.03	2.88	2.80	2.72	2.64	2.55	2.46	2.36
22	4.30	3.44	3.05	2.82	2.66	2.55	2.46	2.40	2.34	2.30	2.23	2.15	2.07	2.03	1.98	1.94	1.89	1.84	1.78
	7.95	5.72	4.82	4.31	3.99	3.76	3.59	3.45	3.35	3.26	3.12	2.98	2.83	2.75	2.67	2.58	2.50	2.40	2.31
23	4.28	3.42	3.03	2.80	2.64	2.53	2.44	2.37	2.32	2.27	2.20	2.13	2.05	2.01	1.96	1.91	1.86	1.81	1.76
	7.88	5.66	4.76	4.26	3.94	3.71	3.54	3.41	3.30	3.21	3.07	2.93	2.78	2.70	2.62	2.54	2.45	2.35	2.26
24	4.26	3.40	3.01	2.78	2.62	2.51	2.42	2.36	2.30	2.25	2.18	2.11	2.03	1.98	1.94	1.89	1.84	1.79	1.73
	7.82	5.61	4.72	4.22	3.90	3.67	3.50	3.36	3.26	3.17	3.03	2.89	2.74	2.66	2.58	2.49	2.40	2.31	2.21
25	4.24	3.39	2.99	2.76	2.60	2.49	2.40	2.34	2.28	2.24	2.16	2.09	2.01	1.96	1.92	1.87	1.82	1.77	1.71
	7.77	5.57	4.68	4.18	3.85	3.63	3.46	3.32	3.22	3.13	2.99	2.85	2.70	2.62	2.54	2.45	2.36	2.27	2.17
26	4.23	3.37	2.98	2.74	2.59	2.47	2.39	2.32	2.27	2.22	2.15	2.07	1.99	1.95	1.90	1.85	1.80	1.75	1.69
	7.72	5.53	4.64	4.14	3.82	3.59	3.42	3.29	3.18	3.09	2.96	2.81	2.66	2.58	2.50	2.42	2.33	2.23	2.13
27	4.21	3.35	2.96	2.73	2.57	2.46	2.37	2.31	2.25	2.20	2.13	2.06	1.97	1.93	1.88	1.84	1.79	1.73	1.67
	7.68	5.49	4.60	4.11	3.78	3.56	3.39	3.26	3.15	3.06	2.93	2.78	2.63	2.55	2.47	2.38	2.29	2.20	2.10
28	4.20	3.34	2.95	2.71	2.56	2.45	2.36	2.29	2.24	2.19	2.12	2.04	1.96	1.91	1.87	1.82	1.77	1.71	1.65
	7.64	5.45	4.57	4.07	3.75	3.53	3.36	3.23	3.12	3.03	2.90	2.75	2.60	2.52	2.44	2.35	2.26	2.17	2.06
29	4.18	3.33	2.93	2.70	2.55	2.43	2.35	2.28	2.22	2.18	2.10	2.03	1.94	1.90	1.85	1.81	1.75	1.70	1.64
	7.60	5.42	4.54	4.04	3.73	3.50	3.33	3.20	3.09	3.00	2.87	2.73	2.57	2.49	2.41	2.33	2.23	2.14	2.03
30	4.17	3.32	2.92	2.69	2.53	2.42	2.33	2.27	2.21	2.16	2.09	2.01	1.93	1.89	1.84	1.79	1.74	1.68	1.62
	7.56	5.39	4.51	4.02	3.70	3.47	3.30	3.17	3.07	2.98	2.84	2.70	2.55	2.47	2.39	2.30	2.21	2.11	2.01
40	4.08	3.23	2.84	2.61	2.45	2.34	2.25	2.18	2.12	2.08	2.00	1.92	1.84	1.79	1.74	1.69	1.64	1.58	1.51
	7.31	5.18	4.31	3.83	3.51	3.29	3.12	2.99	2.89	2.80	2.66	2.52	2.37	2.29	2.20	2.11	2.02	1.92	1.80
60	4.00	3.15	2.76	2.53	2.37	2.25	2.17	2.10	2.04	1.99	1.92	1.84	1.75	1.70	1.65	1.59	1.53	1.47	1.39
	7.08	4.98	4.13	3.65	3.34	3.12	2.95	2.82	2.72	2.63	2.50	2.35	2.20	2.12	2.03	1.94	1.84	1.73	1.60
120	3.92	3.07	2.68	2.45	2.29	2.18	2.09	2.02	1.96	1.91	1.83	1.75	1.66	1.61	1.55	1.50	1.43	1.35	1.25
	6.85	4.79	3.95	3.48	3.17	2.96	2.79	2.66	2.56	2.47	2.34	2.19	2.03	1.95	1.86	1.76	1.66	1.53	1.38
∞	3.84	3.00	2.60	2.37	2.21	2.10	2.01	1.94	1.88	1.83	1.75	1.67	1.57	1.52	1.46	1.39	1.32	1.22	1.00
	6.63	4.61	3.78	3.32	3.02	2.80	2.64	2.51	2.41	2.32	2.18	2.04	1.88	1.79	1.70	1.59	1.47	1.32	1.00

注）$\phi_1 > 30$ で、表にない F の値を求める場合には、$120/\phi$ を用いろ 1 次補間により求める。

付表 5　z 変換図表

$$z = \frac{1}{2} \ln \frac{1+r}{1-r} = \tanh^{-1} r, \quad r = \tanh z$$

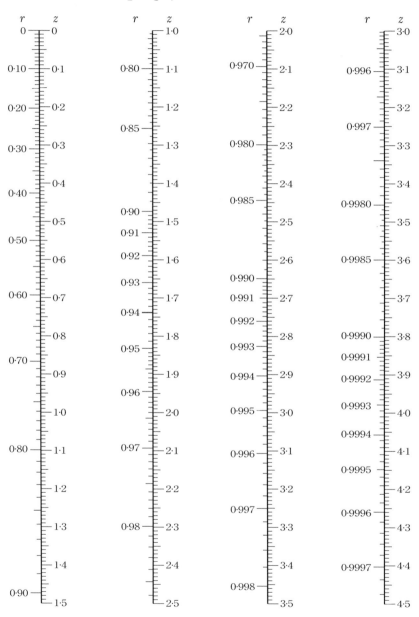

付表 6 *r* 表

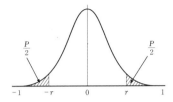

（自由度 φ の *r* の両側確率 *P* の点）

φ \ P	0·10	0·05	0·02	0·01
10	·4973	·5760	·6581	·7079
11	·4762	·5529	·6339	·6835
12	·4575	·5324	·6120	·6614
13	·4409	·5140	·5923	·6411
14	·4259	·4973	·5742	·6226
15	·4124	·4821	·5577	·6055
16	·4000	·4683	·5425	·5897
17	·3887	·4555	·5285	·5751
18	·3783	·4438	·5155	·5614
19	·3687	·4329	·5034	·5487
20	·3598	·4227	·4921	·5368
25	·3233	·3809	·4451	·4869
30	·2960	·3494	·4093	·4487
35	·2746	·3246	·3810	·4182
40	·2573	·3044	·3578	·3932
50	·2306	·2732	·3218	·3542
60	·2108	·2500	·2948	·3248
70	·1954	·2319	·2737	·3017
80	·1829	·2172	·2565	·2830
90	·1726	·2050	·2422	·2673
100	·1638	·1946	·2301	·2540
近似式	$\dfrac{1\cdot645}{\sqrt{\phi+1}}$	$\dfrac{1\cdot960}{\sqrt{\phi+1}}$	$\dfrac{2\cdot326}{\sqrt{\phi+2}}$	$\dfrac{2\cdot576}{\sqrt{\phi+3}}$

付表7 符号検定表

（表中の数字は少ないほうの符号の数, この数あるいはこれより少なければ有意である）

N	0.01	0.05	N	0.01	0.05	N	0.01	0.05
			36	9	11	66	22	24
			37	10	12	67	22	25
8	0	0	38	10	12	68	22	25
9	0	1	39	11	12	69	23	25
10	0	1	40	11	13	70	23	26
11	0	1	41	11	13	71	24	26
12	1	2	42	12	14	72	24	27
13	1	2	43	12	14	73	25	27
14	1	2	44	13	15	74	25	28
15	2	3	45	13	15	75	25	28
16	2	3	46	13	15	76	26	28
17	2	4	47	14	16	77	26	29
18	3	4	48	14	16	78	27	29
19	3	4	49	15	17	79	27	30
20	3	5	50	15	17	80	28	30
21	4	5	51	15	18	81	28	31
22	4	5	52	16	18	82	28	31
23	4	6	53	16	18	83	29	32
24	5	6	54	17	19	84	29	32
25	5	7	55	17	19	85	30	32
26	6	7	56	17	20	86	30	33
27	6	7	57	18	20	87	31	33
28	6	8	58	18	21	88	31	34
29	7	8	59	19	21	89	31	34
30	7	9	60	19	21	90	32	35
31	7	9	61	20	22			
32	8	9	62	20	22			
33	8	10	63	20	23			
34	9	10	64	21	23			
35	9	11	65	21	24			

（注1）　$N = 90$ 以上では，次式で計算した数より小さい整数を用いる.

$$|(N-1)/2| - K\sqrt{N-1}$$

K	P_r
1.2879	0.01
0.9800	0.05

［例］　$N = 100$ では $P_r = 1\%$ のときは,

$$\frac{(100-1)}{2} - 1.2879\sqrt{100+1} = 49.5 - 1.288 \times 10.05 = 36.6$$

したがって，36以下ならば1%危険率で有意.

（注2）　この表は，1/2の割合で出るいろいろの場合に利用できる応用範囲の非常に広い表である.

（注）　相関の検定，母平均の差の検定などを，（＋）（－）の符号の数より簡易に行う方法を "符号検定" という.

参 考 文 献

1) 細谷克也編著, 稲葉太一・竹士伊知郎・松本隆・吉田節・和田法明著:『【新レベル表対応版】QC検定受検テキスト2級』(品質管理検定集中講座[2]), 日科技連出版社, 2015年.

2) 細谷克也編著, 岩崎日出男・今野勤・竹山象三・竹士伊知郎・西敏明著:『【新レベル表対応版】QC検定2級模擬問題集』(品質管理検定講座), 日科技連出版社, 2015年.

3) 細谷克也編著, QC検定問題集編集委員会著:『【新レベル表対応版】QC検定2級対応問題・解説集』(品質管理検定試験受検対策シリーズ②), 日科技連出版社, 2017年.

4) 仁科健監修, QC検定過去問題解説委員会著:『過去問題で学ぶQC検定2級 2019年版』, 日本規格協会, 2018年.

5) 新藤久和編:『2015年改定レベル表対応 品質管理の演習問題と解説 手法編─QC検定試験2級対応』, 日本規格協会, 2015年.

6) 日本規格協会編:『JISハンドブック 品質管理 2019』, 日本規格協会, 2019年.

7) 内田治:『【新レベル表対応版】QC検定1級 品質管理の手法70ポイント』, 日科技連出版社, 2019年.

著者紹介

内田　治（うちだ　おさむ）

東京情報大学　総合情報学部　准教授
東京理科大学大学院修士課程修了

【著書】
『例解データマイニング入門』　　　　　　　　（日本経済新聞社，2002）
『グラフ活用の技術』　　　　　　　　　　　　（PHP研究所，2005）
『すぐわかる EXCEL による品質管理』［第2版］　　（東京図書，2004）
『数量化理論とテキストマイニング』　　　　　（日科技連出版社，2010）
『QC検定3級　品質管理の手法30ポイント』（日科技連出版社，2010）
『相関分析の基本と活用』　　　　　　　　　　（日科技連出版社，2011）
『主成分分析の基本と活用』　　　　　　　　　（日科技連出版社，2013）
『ビジュアル品質管理の基本』［第5版］　　　　（日本経済新聞社，2016）
『【新レベル表対応版】QC検定1級 品質管理の手法70ポイント』（日科技連出版社，2019）
他

品質管理検定受験対策
【新レベル表対応版】QC検定2級　品質管理の手法50ポイント

2014年10月26日　第1版第1刷発行
2020年1月29日　第2版第1刷発行
2021年8月5日　第2版第2刷発行

著　者　内　田　　　治
発行人　戸　羽　節　文

検印
省略

発行所　株式会社 日科技連出版社
〒151-0051　東京都渋谷区千駄ヶ谷 5-15-5
DSビル
電話　出版　03-5379-1244
　　　営業　03-5379-1238

Printed in Japan

印刷・製本　河北印刷株式会社

© Osamu Uchida 2014, 2020　　　　ISBN978-4-8171-9689-7
URL https://www.juse-p.co.jp/